위기의 한국안보

KODEF
안보총서 52

국가안보현안을 올바르게 이해하고 대비하기 위해
국가안보전문가 5인이 국민에게 드리는 충언

위기의 한국안보

KOREAN NATIONAL SECURITY IN CRISIS

허남성 · 김열수 · 이춘근 · 윤덕민 · 홍관희 공저

지난 한 세기 동안 대한민국은 수난과 발전의 역사를 거쳐왔습니다. 일제 35년의 억압을 거쳐 전 국토를 송두리째 폐허로 만들어버린 6·25전쟁을 겪어야만 했습니다. 또한 전쟁의 폐허 속에서 경제발전에 매진하던 중 민주주의의 성숙을 위해 험난한 민주화의 길을 걸어야 했습니다.

그러나 우리 선조들은 아무리 극한 상황에서도 포기하지 않았습니다. 전쟁의 상흔을 딛고 일어나 지난 60년간 기적의 경제발전을 이루어냈습니다. 그리고 지금, 대한민국은 세계 경제·문화의 중심으로 힘차게 도약하고 있습니다.

대한민국 발전의 원동력은 과연 무엇이었을까요? 바로 60여 년 전, 대한민국이 자유민주주의 시장경제 체제를 선택한 것입니다. 그리고 경제가 발전할 수 있도록 뒷받침해준 든든한 안보의 버팀목,

바로 한미동맹을 굳건히 해왔기 때문에 대한민국은 마음 놓고 성장할 수 있었습니다. 한미동맹이 있었기에 외국 자본은 마음 놓고 우리나라에 투자할 수 있었고, 우리도 국방에 필요한 인적자원과 예산을 절약해 경제발전에 매진할 수 있었습니다.

북한은 주한미군 철수와 한미동맹이 해체되지 않는 한, 절대로 적화통일을 할 수 없다는 것을 누구보다 더 잘 알고 있습니다. 따라서 지난 60년 동안 끊임없이 전시작전통제권의 반환과 주한미군 철수를 위한 치밀한 대남전략을 펼쳐왔고, 남남갈등과 우리 내부 혼란을 조장하기 위해 무력도발을 감행했습니다. 그리고 김일성 출생 100주년이 되는 올해를 "사회주의 강성대국의 문을 여는 해"로 공언하고, 적화통일의 여건을 만들려 하고 있습니다. 지금 대한민국은 안보적으로 매우 중요한 시기에 직면해 있습니다.

대한민국은 국가유공자의 희생과 헌신으로 지킨 나라입니다. 진정한 보훈報勳은 그분들의 희생과 헌신이 헛되지 않도록 이 나라를 튼튼히 지키는 호국護國이라 할 수 있으며, 이것은 국민들의 굳건한 안보의식이 밑바탕이 되어야만 가능합니다. 지금의 안보 실상을 정확히 깨닫고 이 위기를 극복하기 위해 가장 적절한 판단을 하는 것이야말로 진정한 '호국'이라 할 수 있습니다.

그러나 안타깝게도 우리 젊은이들은 북한의 대남전략과 안보

실상을 잘 모르고 있습니다. 대한민국의 미래를 책임질 젊은 세대가 안보 실상을 잘 모르고 중요한 순간에 오판한다면 우리나라의 안위는 보장할 수 없을 것입니다.

이러한 시기에 국내 최고의 안보전문가 다섯 분이 집필한 이 책이 발간되어 안보 실상과 북한의 한미동맹 해체 전략을 사실대로 알릴 수 있는 기회를 갖게 된 것을 무엇보다 기쁘게 생각합니다. 이 책이 단지 안보의 중요성만을 강조하는 것이 아니라 지금 우리에게 가장 필요한 대처법이 무엇인가를 알리는 데 중요한 지침서가 될 것으로 기대합니다.

2012년 4월

국가보훈처장 박승춘

한반도에 자리 잡은 우리나라는 지정학적 여건 때문에, 안전을 보장하는 것이 대단히 어렵다. 우리는 이 어려운 문제를 오히려 가볍게 생각하고 소홀히 다루다가 국권을 상실하고 온갖 수모를 다 겪었던 민족이다. 우리가 오늘날 반세기가 넘도록 분단의 고통을 짊어지고 가야 하는 운명도 결국 그 후유증이라고 볼 수 있다. 이제 우리 세대에서 또다시 국가안보를 가볍게 여기다가 같은 우를 반복하는 일만은 결단코 범하지 말아야 한다.

다행하게도, 자유민주주의와 시장경제 체제를 선택한 대한민국은 개방사회의 장점을 백분 활용하면서 세계무대로 진출해 성공적으로 근대화를 이룩했고, 그 결과 우리는 오늘날 선진국의 문턱에 와 있다.

이와는 대조적으로, 스탈린의 모델을 따라 공산주의 체제를 선택하고 통제경제를 고집한 북한은 이미 오래전에 파산 지경에 이르렀으며, 외국으로부터 원조를 받지 않으면 식생활마저 어려운 형편이 되어버렸다. 자유와 인권을 박탈당한 지는 이미 오래고 이제는 거기에 생활고까지 겹쳐 견디다 못해 목숨을 걸고 탈북해 중국 땅을 헤매고 다니는 북한 동포들이 점점 늘고 있다. 어차피 남북한은 통일되어야 한다. 이제 우리가 어떤 체제로 통일을 이루어 후손에게 물려주어야 하는가 하는 문제는 명확한 답이 나와 있다.

북한은 변해야 한다. 북한을 통제하고 있는 조선노동당에 양심 있는 지도자가 남아 있다면, 이제 더 이상 남한 사회를 뒤집어엎어서 북한과 같은 사회로 만들겠다는 목표는 포기하는 것이 마땅하다. 지금까지 북한 조선노동당의 앞잡이가 되어 대한민국 내에서 공산주의 혁명을 하려고 하는 무리들이 남아 있다면, 이제는 그만 둘 때가 되었다. 더구나 6·25 때처럼 무력으로 남한을 섬멸하겠다는 계획은 미련 없이 폐기해야 한다.

그럼에도 불구하고, 지난 60년 동안 북한을 통제해온 집권 세력들이 이 변화를 받아들이려는 징후는 전혀 보이지 않는다. 지금의 북한은 오히려 선군정치체제라는 극단적인 수단을 동원해 내부적으로는 주민을 가혹하게 통제하고, 외부적으로는 무모하게 대남 도발을 지행하고 있다. 왜 이런 무리수를 계속 두고 있는 것일까? 어처구니없게도, 지금 우리 사회의 변화를 관찰하면서 그들 나름대로는 어떤 가능성이 있다고 보기 때문이다. 그것은 대남 정치 심리전의 형태로 나타나고 있다.

북한은 아무리 못살아도 획일적으로 통제하는 사회가 정치 심리전이라는 경쟁무대에서는 자유롭게 개방해 다원화된 사회보다 오히려 유리하고, 북한이 배고파 망하는 것보다 남한이 스스로 몰락하는 속도가 더 빠를 수 있다고 생각하는 모양이다. 물론 이것은 맞는 생각이 아니다. 그러나 북한이 그 한 가닥 희망에 모든 역량을 쏟아붓고 있다는 사실을 우리는 직시해야 한다. 그리고 대비해야 한다. 왜냐하면 자칫 잘못된 길로 들어설 경우 엄청난 대가를 치러야 하기 때문이다.

북한 노동당의 위협이 어제오늘의 일만은 아니다. 60년 동안이나 저러고 있으니 대비하는 것도 지겨울 지경이다. 사실은 아직도 얼마나 더 오래 끌어갈지도 모른다. 그럼에도 불구하고 이 지겨운 문제를 더 냉철하게 들여다보고 끈질기게 대비해야 할 이유가 있다. 바로 이런 문제를 소홀히 했다가 무참하게 당한 뼈아픈 경험이 있기 때문이다.

안보에는 여와 야가 따로 없다. 국민이 지칠 때면 지도자가 모두 나서서 독려해야 한다. 나라를 잃으면 다 잃어버리기 때문이다.

또 안보 이야기를 하느냐고 짜증이나 내면서 이 문제를 의도적으로 외면하는 사람이 아직도 우리 사회에 남아 있다면, 다른 재주가 아무리 뛰어나더라도 그런 사람에게 나랏일을 맡길 수는 없다. 너무 위험하기 때문이다.

이 작은 책이 오늘 우리의 안보 상황을 더 깊이 이해하고, 위협의 대상을 분명하게 식별하고, 온 국민의 뜻을 모아 철저하게 대비하기 위한 안내서가 되기를 바라마지 않는다.

2012년 4월

한국국방안보포럼 공동대표 김재창·김동성

차례

KOREAN NATIONAL

CONTENTS

SECURITY IN CRISIS

제1장
서 론

허남성

우리는 지금 역사적 전환점에 서 있다. 대내외적으로 우리가 맞닥뜨리고 있는 상황들은, 마치 난마처럼 얽힌 미로에서 브레이크 없는 차를 운전하면서 나아가고 있는 형국과 흡사하다. 제대로 된 선택을 하면 이 '대한민국'호는 자유민주통일의 주역이 됨은 물론 G-7의 반열에 드는 세계 강국을 향해 탄탄대로를 달릴 것이고, 잘못된 선택을 하면 지난 60여 년간 피땀으로 쌓아 올린 세계 12~14위권 경제 강국의 위치를 상실함은 물론 2류 국가로 전락할 수도 있다. 이러한 선택은 짧게는 앞으로 약 1년, 길게는 5~10년의 기간에 복합적인 형태로 우리에게 다가올 것이며, 그 선택 여하에 따라 역사의 물줄기가 바뀌게 될 것이다.

우리 앞에 놓인 국면은 참으로 복잡다단하다. 우선 세계적으로는 전 지구적 차원의 경제 난국이 닥쳐 있다. 2008년 미국 금융위기로부터 비롯된 세계 경제 불황을 슬기롭게 극복해 안정화의 길로 들어서는 듯했으나, 이번에는 유럽발 금융위기가 세계 경제를 더욱 근파도 속으로 밀어넣고 있다. 더구나 1990년대 이래 세계 정치·경제 판도를 지배해온 신자유주의는 빈부격차를 좁히기는커녕 오히려 더욱 넓혀 결과적으로 경제적 양극화 현상이 모든 나라들에서 보편적 현상이 되게 만들었다. 이는 우리나라도 예외가 아니다. 이러한 상황에서는 특히 절대적 빈곤보다도 '상대적 빈곤' 의식이 더 큰 사회적 위기를 가져오게 된다. 더구나 폭발적으로 증대되는 복지 요구와 맞물리면서 양극화 현상은 포퓰리즘^{populism}으로의 쏠림 현상 등으로 이어져 정치·사회적 파행의 악순환 고리로 연결되고 있다.

국제정치적으로는 2012년에 우리나라 및 한반도에 직접 영향을 미치는 주요 국가들의 정치 리더십의 교체가 예정되어 있다. 미국과 러시아의 대통령선거, 중국 수뇌부의 교체, 일본 정정政情의 지속적 변동 가능성, 그리고 우리나라의 총선에 이어 대선이 있을 예정이다. 또한 한반도를 둘러싼 동북아 정세는 지구촌 그 어느 곳보다도 가변적이고 불안정하다. 동북아 정세를 안보적 차원에서 조망해보자면, 한마디로 '불안한 3중주'라고 표현할 수 있다. 이 지역에 대한 미국의 군사태세 약화, 중국의 급격한 정치·군사적 영향력 증대, 그리고 북한 체제의 취약화 및 호전성 증대, 이 세 가지 요소들이 함께 얽혀서 동북아 지역의 불안정성을 증폭시키고 있다.

미국은 경기 침체와 이라크·아프간 전쟁의 장기화에 따른 염전

厭戰 분위기 확산으로 국방비 축소에 대한 국민적 압력이 거세지고 있어 군비태세 약화는 상당 기간 지속될 것이다. 이에 따라 동북아 지역에 대한 군사력 투사 능력도 이미 영향을 받고 있다. 반면에 중국은 최근 G-2체제의 조기 도래에 대한 자신감을 바탕으로 동북아 및 서태평양 지역에서 '지역 패권' 추구 정책을 추진 중이며, 이는 특히 해양력 강화를 포함한 군사력 증강 가속화 현상과 맞물려 있다. 한편 북한은 내구연한이 다 된 붕괴 직전의 낡은 건물처럼 '삭아가고' 있으면서도 생존을 위해 전대미문의 3대 세습 정착을 획책하고 있으며, 핵무기를 포함한 대량파괴무기WMD, Weapons of Mass Destruction 및 각종 비대칭 전력 증강과 대남 무력도발을 감행하고 있다.

　사실 북한이 천안함 폭침과 연평도 포격 등 대남 무력도발을 자행한 데에는 나름대로의 전략적 계산이 있었다고 판단된다. 우선 북한은 3대 세습 정당화와 경제난으로 인한 주민 불만 억제를 위해 내부 단속의 필요성이 절실했으며, 이 경우 대외 위기 조성은 '전가傳家의 보도寶刀'처럼 사용되어온 전략이다. 북한은 또한 이러한 도발을 통해 국제 사회의 한반도 정세에 대한 불안감을 자극해 결과적으로 한국 경제에 타격을 가할 수 있다고 보았던 것 같다. 뿐만 아니라 북한은 대남 무력도발로 인한 국제적 비난과 고립 등으로 입는 손실보다도 대남 통일전선전략 차원에서 얻는 이득이 훨씬 더 크다고 판단했을 것이다. 즉, 한국 내에서 도발사태에 대한 '응징 제재파'와 '협상 포용파' 사이에 남남갈등이 격화될 것이고, 군 복무와 직접 연계된 20대와 그 부모 세대들의 전쟁공포증을 자극해 안보 불안감을 증폭시킬 수도 있다고 생각했을 것이다. 실제로 2010년 6·2지방선거에서 숨은 승자는 김정일이었다고 볼 수도 있다. 그리고 이것은 김정일의 뒤를 이은 김정은으로 하여금 차후에 유사한 도발을 감행할 오판을 저지를 수 있도록 잘못된 신호를 보낸 셈이기도 하다. 따라서 2012년 총선과 대선의 결과에 영향을 미칠 목적으로 북한의 대남 무력도발이 재현될 가능성은 매우 농후하다고 예측된다.

이러한 가운데 국내에서는 종북 좌파들의 준동이 과거 그 어느 때보다도 노골적으로 전개되고 있다. 인터넷에서 북한을 찬양하는 종북 카페를 운영하던 범법자가 법정에서 "김정일 만세"를 외쳐도 그러한 반역행위가 '표현의 자유'로 치부되고, 판사조차 아무런 제재를 가하지 않는 일이 벌어졌다. 학생과 학부모들을 전북 순창군 회문산(6·25전쟁 당시 빨치산 본거지 중 한곳)으로 인솔해 빨치산 출신 비전향 장기수 단체가 개최한 빨치산 추모제에서 김정일 찬양가를 합창하고 빨치산을 찬양하도록 세뇌시킨 전교조 교사는 '무죄' 선고를 받기도 했다. 심지어 좌파정부에 의해 임명된 박시환 대법관은 이적단체인 남북공동선언실천연대의 이적성 여부에 대한 판결문에서 "북한을 대한민국 전복을 노리는 반국가단체로만 볼 수 없다"는 어처구니없는 소수 의견을 내기조차 했다.

이처럼 좌경화된 일부 판사들의 비호에 힘입어 각종 종북 단체들은 반미·반정부 구호를 외치며 노동 현장 및 국책사업 현장을 난장판으로 만들고 있다. 부산 한진중공업 영도조선소 사태, 4대강 사업 현장 난동 사건, 제주 강정마을 해군기지 건설 현장 난동 사태, 그리고 최근의 한미 FTA 반대 시위 등이 그것이다.

또한 헌법에 명시된 '자유민주주의'라는 용어를 교과서에 반영하려는 정부 방침에 항거해 심의위원들이 집단으로 사퇴하는 어이없는 일이 벌어져도 신문 한구석에 귀퉁이 기사로 처리될 뿐 국민 여론조차 그것이 무엇을 의미하는지 무관심한 것이 오늘의 현실이다. '자유민주주의'를 배격하고 그냥 '민주주의'이면 족하다는 사람들의 의중에는 '민중'민주주의나 '인민'민주주의의 가능성까지도 염두에 두고 있지는 않은지 모르겠다. 그러나 민중민주주의는 재산이 없거나 덜 가진 존재로서의 '민중'만을 앞세웠다는 점에서 온전한 민주주의가 아닐 뿐더러, 그것이 우리와 같은 분단 상황에서는 결국 북한식 인민민주주의로 가는 '징검다리 민주주의'가 될 위험성을 안고 있다. 이것은 바로 연방제 통일 방안이 적화통일로 가는 과도적 던계라는 경고와도 일맥상통한다.

종북 준동의 위험성은 최근 적발된 왕재산 간첩단 사건에서 밝혀졌듯이, 자생적 북한 간첩 조직이 한국 정치계의 심장부에까지 침투했다는 점에서 이미 극에 달했다는 느낌이 든다. "한국 사회는 이미 거의 다 적화되었고, 통일만 남았다"는 자조 섞인 한탄이 예사롭게 들리지 않을 정도이다.

북한은 통일전선의 3대 축으로 북한의 군사적 능력(북 역량), 해외교민 결집(해외 역량), 남조선 지하 세력(남 역량)을 꼽고 있는데, 이 가운데 남한의 종북 지하 세력은 이미 '지상 세력'이 되었을 만큼 정치·경제·언론·문화·교육·학술 등 모든 분야에서 그 세력을 확대해 가고 있다.

이 모든 안보 불감증과 반미·종북 세력들에 의한 반국가적 난동들은 지난 좌파정부 10년이 빚어낸 결과이다. 햇볕정책으로 북한이 아니라 남한이 '안보외투'를 벗었으며, 그 10년간 현금, 현물, 대북투자를 포함해 13조 원이라는 막대한 퍼주기식 대북 지원으로 붕괴 직전에 놓여 있던 북한이 기사회생했음은 물론, 핵무기를 개발해 한국을 핵 인질로 전락시키고 말았다. 이제 북한은 김일성 출생 100주년이 되는 2012년을 '강성대국의 문을 여는 해,' 즉 적화통일을 본격적으로 발동하는 해로 만들겠다고 호언장담하기에 이르렀다.

그럼에도 불구하고 적지 않은 수의 우리 국민들, 특히 20대에서 40대에 걸친 청·장년층은 민족적인 이상주의에 경도된 나머지 날조된 민족공조라는 '트로이 목마'에 현혹되고, 무력도발에 대해서도 제재나 응징보다는 포용과 지원을 통해 평화를 보장받아야 한다는 '거짓평화'에 더 귀를 기울이는 것 같다. 평화는 결코 돈으로 살 수 있는 것이 아니라는 역사적 교훈조차도 무색할 지경이다. 이는 기성세대들이 건국 이후부터 산업화 기간 동안 오로지 조국과 내 자식들을 가난과 멸시로부터 벗어나게 해야겠다는 일념만으로 매진해온 나머지, 젊은 세대들에게 국가관·역사관·안보의식 등에 관한 교육을 소홀히 한 탓일 수도 있다.

그러나 문제는 인구의 절반이 넘는 2040세대들의 판단에 따라 조국과 그 자신 및 그 자녀들의 미래까지 판가름 난다는 사실이다. 민주적 절차에 의해 우파정부가 들어서느냐, 좌파정부가 들어서느냐는 그들의 판단에 달려 있고, 그 결과에 따라 대한민국과 후손들의 명운이 걸린 역사적 물줄기가 향방을 달리할 것이다.

이러한 절체절명의 역사적 전환점에 서서 만시지탄晩時之歎이나마 우리가 직면한 국가안보현안들의 요점들을 짚어보고, 그에 대한 올바른 이해와 대비 방안 등을 강구하는 일은 매우 뜻깊은 과제이다. 때마침 국가보훈처가 이 연구를 의뢰한 데에는 다음과 같은 의도기 담겨 있다. 첫째, 진정한 의미의 보훈은 호국신열들의 국가를 위한 공헌과 희생이 헛되지 않도록 튼튼한 안보태세를 확립해 대한민국을 바로 세우는 것이다. 둘째, 이를 위해서는 무엇보다도 우선 온 국민이 오늘의 안보 실상을 올바로 알아야 한다. 셋째, 특히 전시작전통제권 전환 이후의 국가안보를 위해 주무부처인 국방부가 다각도로 준비하고 있으나, 안보에는 단 1%의 허점도 용납될 수 없기에 국민들이 주요 국가안보현안들의 중요성을 인식할 수 있도록 국가보훈처도 함께 나서서 힘을 보태려는 것이다. 이리하여 뜻을 같이하는 사계의 전문가 5명이 함께 모여 학자적인 관점에서 이 연구를 진행했고, 그 결과물을 책으로 출간하게 되었다.

먼저 제2장에서는 북한의 대남혁명전략 전반의 실체와 사례들을 실증적으로 살펴보고, 제3장에서는 당면한 국방 현안 가운데 가장 중요한 의미를 띤 전시작전통제권 전환의 배경과 문제점들을 분석하겠다. 제4장에서는 북한이 주장하는 평화체제의 실체와 문제점을 그 역사적 전개 과정을 통해 진단해보고, 제5장에서는 북한의 대남적화전략의 핵심이라고 할 수 있는 연방제 통일 방안의 실체와 문제점들을 분석하겠다. 그리고 마지막으로 총괄적 논의와 정책적 함의를 살펴보겠다.

담당 부분은 다음과 같다. 제1장과 제6장은 허남성, 제2장은 김열수, 제3장은 이춘근, 제4장은 윤덕민, 제5장은 홍관희가 썼다.

제2장
북한의 대남혁명전략과 한국의 대응 전략

김열수

KOREAN NATIONAL
SECURITY IN CRISIS

Ⅰ. 서론

국내외의 일부 북한 전문가들과 많은 한국 사람들은 북한이 붕괴될 것이라고 생각하고 북한 급변 사태에 대한 다양한 시나리오를 내놓는다. 이들은 북한이 안고 있는 구조적인 경제난, 안보리 결의안 1874호에 의한 제재, 탈북자의 증가, 왕조체제적 성격의 3대 세습 추진 등이 복합적으로 작용해 김씨 일가의 정권이 붕괴되거나, 공산주의체제가 붕괴되거나, 또는 북한이 한국에 흡수되어 통일될 것으로 전망한다.

하지만 북한 지도부의 생각은 이런 장밋빛 전망과는 다르다. 그들은 북한이 붕괴되기 전에 한국이 먼저 붕괴될 수도 있다고 생각한다. 한국 내의 북한 동조 세력이 혁명을 통해 한국 정부를 합법·비합법적으로 접수할 수 있다고 판단하고 있기 때문이다. 북한 지도부는 한국 내의 반미·종북 단체들이 해를 거듭할수록 늘어나고 있고, 자신들의 지도지침대로 이들이 행동하고 있기 때문에 북한보다 한국이 먼저 붕괴될 수도 있다고 생각한다. 이것이 소위 말하는 대남적화전략의 현실화 시나리오이다.

한반도의 남과 북은 구조적으로 경쟁적일 수밖에 없다. 한 민족이 두 국가로 분열되어 있어 자신의 정체성을 중심으로 통일되기를 희망하기 때문이다. 동서독은 합의에 의해 통일되었고 남북 베트남은 무력에 의해 통일되었다. 한국은 평화적인 방법으로 통일을 희망하나, 북한의 생각은 다르다. 무력으로 통일할 수 있다면 무력으로, 무력이 안 되면 한국을 혁명의 대상으로 삼아 흡수통일하기를 희망한다.

남북 분단 이후 현재까지 남한을 적화시켜 통일하겠다는 북한의 대남적화전략의 목표는 남한을 적화시키기 위한 수단과 방법이 시대에 따라 조금씩 변했을 뿐 단 한 번도 바뀐 적이 없다. 북한은 이미 6·25전쟁 때 시험했던 것처럼 무력에 의한 대남적화전략을 실천에 옮길 가능성이 있다. 북한은 현재 상당수의 핵무기를 보유한 것으로 추정되며, 118만 명에 달하는 재래식 군사력을 유지하고 있어 상황 변화에 따라 제2의 6·25전쟁을 일으킬 수도 있다. 한편 북한은 한국 사회를 사상적으로 적화하기 위한 노력도 병행하고 있다. 오늘날 이것이 오히려 더 큰 위협으로 다가오고 있는 것이 현실이다.

이 글은 북한의 대남혁명전략을 해부해보고 이에 대응하는 한국의 전략을 제시하는 데 그 목적이 있다. 그러나 무력에 의한 적화전략보다는 비무력적 방법에 의한 혁명전략에 초점을 맞출 것이다. 따라서 제2절에서는 대남혁명전략의 목표와 수단 및 방법을 해부하고, 제3절에서는 이 전략이 한국에 적용된 사례를 제시하며, 제4절에서는 이 전략에 대응할 수 있는 한국의 전략을 제시하고자 한다.

Ⅱ. 북한의 대남혁명전략의 실체

전략이란 목표[objectives], 수단[means], 방법[ways]으로 구성된다.[1] 전략의 목표는 수단과 방법에 의해 그 달성 여부가 결정된다. 수단이 비슷할 경우에는 방법의 우열에 따라 목표 달성 여부가 결정되나, 방법이 비슷할 경우에는 수단의 우열에 따라 목표 달성 여부가 결정된다. 수단은 목표 달성에 결정적인 영향을 미친다. 수단의 양적·질적 우열이 목표를 수정하게 만들거나 포기하게 만들 수도 있기 때문이다.[2] 방법은 수단을 목표로 연결시키는 고리이다. 수단이 변함에 따라 방법이 변할 수 있고, 수단이 동일함에도 불구하고 방법은 변할 수 있다. 북한은 남한을 적화하고자 하는 목표는 그대로 둔 채 다양한 수단과 방법을 적용해왔고 현재도 그러하다.

1. 목표

남한을 적화하기 위해 북한은 정권 수립 이후 1950년대 초까지 '민

---

1 Arthur F. Lykke, Jr., "Towards an Understanding of Military Strategy," U.S. Army War College, *Military Strategy: Theory and Application*(Washington: U.S. Army War College, 1982). p.1.

2 김열수, "동남 중국해에서의 도서분쟁: 미중전략 속에서의 원인과 전망," 『신아세아』 Vol. 18, No.3(2011년 가늘), pp.91-92.

주기지' 노선에 입각한 '무력해방노선'을 유지했으나, 6·25전쟁을 일으켜 대남무력적화를 시도했다가 실패한 이후로는 '반제·반봉건 인민민주주의 혁명노선'을 견지해왔다. 그러나 1970년 11월 제5차 당 대회에서 김일성이 교시를 통해 '민족해방 인민민주주의 혁명'으로 규정함으로써 이것이 공식적으로 채택되었다. 그 이후에도 당 규약 전문前文이 일부 수정되었으나, 기본적인 틀은 변하지 않고 오늘에 이르고 있다.

조선노동당 규약은 1980년과 2010년에 일부 수정되었는데, 이를 비교하면 다음 〈표 1〉과 같다.

당 규약에 명시되어 있는 "전국적 범위"와 "온 사회"란 남북한을 아우르는 개념이나, 북한은 이미 당면 목표가 완성되었다고 가

〈표 1〉 조선노동당 규약 전문	
1980.10.10. (제6차 당 대회)	조선로동당의 당면 목적은 공화국 북반부에서의 사회주의의 완전한 승리를 이룩하여 전국적 범위에서 민족해방과 인민민주주의 혁명과업을 완수하는 데 있으며 최종 목적은 온 사회의 주체사상화와 공산주의 사회를 건설하는 데 있다.
2010.9.28. (당 대표자 대회)	조선로동당의 당면 목적은 공화국 북반부에서의 사회주의 강성대국을 건설하며, 전국적 범위에서 민족해방 민주주의 혁명과업을 수행하는 데 있으며 최종 목적은 온 사회의 주체사상화하여 인민대중의 자주성을 완전히 실현하는 데 있다.

정하고 이를 남한에 적용하기 위해 이런 용어를 사용한 것이라고 할 수 있다. 30년 만에 개정된 당 규약 전문이 일부 수정되었지만, 그 본질적 내용은 변함이 없다. 남한에서 혁명과업을 수행하는 것이 당면 목표이고, 최종 목표는 당면 목표가 달성된 이후에 남북한을 주체사상화하고 "인민대중의 자주성을 완전히 실현"하는 것이다. 현재 북한은 이미 주체사상화되어 있고 인민대중의 자주성도 실현되어 있다는 것을 감안하면 이는 남한이 주 대상이라는 것을 암시한 것임을 알 수 있다.

'인민민주주의 혁명'이 '민주주의 혁명'으로, '공산주의 사회 건설'이 '인민대중의 자주성을 완전히 실현하는 것'으로 수정되었다고 그 본질이나 내용이 바뀐 것은 아니다. '인민'이라는 글자가 제거되었다고 남한이 혁명의 대상이 아닌 것도 아니고, '공산주의 사회 건설'이라는 글자가 제거되었다고 남한을 주체사상화하지 않겠다는 것도 아니기 때문이다. 당 규약 전문의 자구字句 수정은 남한의 반미·종북 세력들에게 합법적인 남한 정부를 공격할 수 있는 빌미를 제공하기 위한 것이다. 또한 북한이 2009년 4월 헌법을 개정하면서 '공산주의'라는 표현을 삭제했기 때문에 당 규약의 전문도 수정하지 않을 수 없었을 것으로 판단된다.

당 규약 전문에 명시되어 있는 당면 목표는 다시 2개의 목표로 세분화된다. 하나는 민족해방 혁명이며, 다른 하나는 민주주의 혁명이다. 민족해방 혁명이란 남한에서 '미 제국주의 침략세력'을 몰아내어 남한에 대한 미국의 '식민지 통치를 분쇄'하는 것이다. 쉽게 표현하면 주한미군을 철수시키는 것이 하나의 당면 목표이다. 또 하나의 당면 목표는 합법적인 남한 정부를 전복해 북한에 동조하는 용공 정권을 수립하는 것이다.

최종 목표도 다시 2개의 목표로 세분화된다. 하나는 남한을 주체사상화하는 것이고, 다른 하나는 인민대중의 자주성을 실현시키는 것이다. 남한을 주체사상화한다는 것은 남한에 북한과 동조하는 용공정권이 수립되고 나면 이에 동조하지 않는 나머지 모든 남한국민을 주체사상으로 무장시킨다는 것이다. 인민대중의 자주성을 실현한다는 것은 남북한이 하나의 사회주의 국가로 재탄생하는 것을 의미한다.

당 규약 전문에 명시되어 있지 않은 북한의 목표가 있는데, 이것이 바로 적화통일이다. 당면 목표가 달성되면 북한 주도로 남북한을 통일하는 것이다. 최종 목표는 당면 목표만 달성되면 저절로 실현될 수 있을 것이라고 생각하고 있기 때문에, 북한은 최종 목표보다는 당면 목표에 전력투구하고 있다. 북한의 당면 목표와 최종 목표를 간단히 도식화하면 다음과 같다.

친북 용공정권 수립 → 주한미군 철수 → 남북 합작 → 한반도
에 사회주의국가 건설

2. 수단

북한의 당면 목표인 '주한미군 철수'와 '친북 용공정권 수립'을 위
한 혁명의 수단은 북한에 동조하는 남한의 국민이다. 북한식 표현
대로라면 혁명의 주력군과 보조역량이라고 할 수 있다. 혁명의 주
력군은 한국의 "노동자, 농민, 청년 학생, 진보적 지식인, 각종 반미·
친북 단체들"이고, 혁명의 보조역량은 "도시 소자산 계급, 애국적
군인, 양심적인 민족자본가, 반제 애국인, 반제 종교인, 동요하는 인
텔리 및 각계각층의 인민들"이다.[3] '청년 학생'이 주력군 대열에 올
라선 것은 1985년이며, '진보적 지식인'이 주력군 대열에 올라선 것
은 1993년 이후였다. 이것은 북한이 '청년 학생'과 '진보적 지식인'
을 얼마나 중시하는지를 방증하는 것이다.

북한의 당면 목표는 단순히 혁명의 주력군과 보조역량을 편성
하는 것만으로 그치지 않고 이들이 주한미군을 철수시키고 남한 정
부를 전복해 혁명을 달성하게 만드는 것이다. 따라서 이들을 규합

3 　보훈교육연구원, 『호국과 보훈』 (수원: 보훈교육연구원, 2011), p.25.

하고 이들에게 활동 지침을 하달할 자체 조직이 필요하다. 이것을 담당하는 북한 내의 기구가 바로 조선노동당 소속 통일전선부와 과거 김정일이 직접 지휘한 것으로 알려진 225국이다. 물론 북한의 대남기구도 시대에 따라 조금씩 변해왔다. 225국과 통일전선부의 위상은 〈그림 1〉과 같다.

통일전선부는 남북대화 주관, 남북교류협력사업 주관, 조총련 및 해외교포 공작사업, 대남 심리전 및 통일전선 공작 등을 전담한다. 통일전선부는 대남 심리전과 남한 관련 정보 및 자료를 분석·연구하는 조국통일연구원(구 남조선연구소)을 운영하고 있으며, 통일전

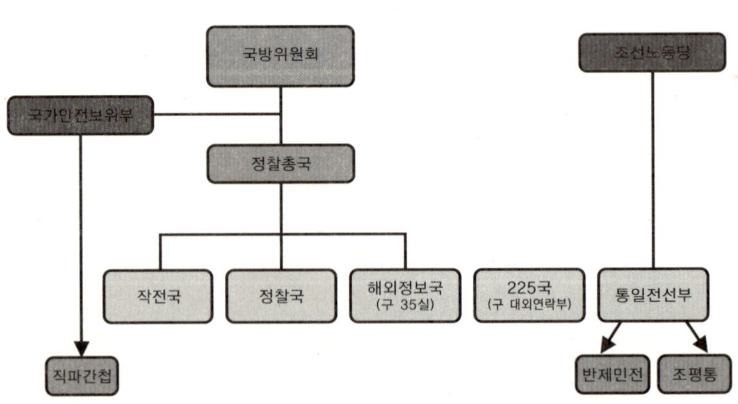

〈그림 1〉 225국 및 통일전선부의 위상

선 공작 단체로는 조평통(조국평화통일위원회), 반제민전(반제민족민주전선, 구 한민전), 해외동포원호위원회, 재북통일촉진협의회, 조국전선(조국통일민주주의전선), 아태위(조선아세아태평양평화위원회), 범민련(조국통일범민족연합), 범청학련(조국통일범청년학생연합) 등이 있다. 반제민전은 '구국전선'이라는 인터넷 사이트를 운영하고 있으며, 조평통은 '우리민족끼리'라는 기관 사이트를 운영하고 있다.[4]

225국은 공작원(간첩) 밀봉교육, 남한 내 지하당 구축 공작 및 해외 공작을 전담하는 대남간첩공작의 주무 부서이다. 225국은 남한 혁명의 주력군을 포섭해 지하당을 구축하고 동조 세력을 규합하는 공작에 몰두하며 직접 남한 내의 주사파와 같은 좌익 세력과 반정부 인사를 포섭해 그들의 활동을 지원하고 한국 사회의 교란을 획책하고 있다.[5]

북한이 말하는 남한의 혁명 주력군과 보조역량, 그리고 북한의 통일전선부와 225국이 남한 혁명을 위한 물리적 수단이라고 한다면, 인터넷은 사이버 공간에서 혁명을 선동할 수 있는 비물리적 수단이라고 할 수 있다. 통상 동원할 수 있는 자산이 많으면 유리한 법

---

4 보훈교육연구원, 『호국과 보훈』(수원: 보훈교육연구원, 2011), p.30.

5 보훈교육연구원, 앞의 책, p.30.

이지만, 인터넷은 그렇지 않다. 세계 최고 수준의 인터넷 보급률을 자랑하는 남한과 최악의 수준인 북한의 대결은 더욱 그러하다. 북한은 사이버 공간을 이용해 남한을 대상으로 무차별적인 인터넷 공세를 취할 수 있는 반면, 남한은 그렇게 할 수 없다. 북한의 입장에서 보면 남한의 발전된 인터넷은 특정인뿐만 아니라 불특정 다수인을 대상으로 선전선동을 할 수 있는 좋은 수단이다.

3. 방법

북한은 민족해방 혁명과 민주주의 혁명이라는 목표를 달성하기 위한 수단을 활용함에 있어 다양한 방법을 구사한다. 이것은 전술의 형태로 나타나는데, 이를 정리하면 〈표 2〉와 같다.[6] 이외에도 앞에서 언급한 인터넷을 이용하는 방법이 있다.

지면 관계상 조직 형태에 의한 대남혁명전술과 인터넷을 이용한 대남혁명전술만 살펴보자.

조직 형태에 의한 전술은 서로 연동되어 있다. 지하당을 구축해 통일전선전술을 구사할 수도 있고 지하당을 통해 프락치[fraktsiya] 전술도 구사할 수 있기 때문이다. 특히, 통일전선전술은 북한의 직

---

6 유동열, 『주제가 있는 통일문제 강좌 23: 북한의 대남전략』(서울: 통일부 통일교육원, 2010), p.26.

〈표 2〉 북한의 대남적화전술

조직 형태	지하당 구축 전술 통일전선전술 프락치 전술
투쟁 형태	합법·비합법·반합법 투쟁 전술 경제투쟁 및 정치투쟁 전술 폭력 및 비폭력 투쟁 테러 전술, 게릴라 전술, 무장봉기 전술, 인민전쟁 전술 대화와 협상 전술, 평화공존 전술, 선거투쟁 전술 국군 와해 전취(戰取) 전술[7]
표어 형태	선동 슬로건의 배합 전술 폭로 전술

접 지령이나 지하당을 통해, 또는 남한 내의 자생적 친북 및 종북 단체들의 인터넷을 통해 이루어질 수 있다.

지하당 구축 전술이란 북한의 당면 목표를 달성하기 위해 남한 내에 전위前衛당을 구축하는 전술이다. 김일성이 남한 혁명을 위해서는 혁명의 참모부인 전위당 구축이 필요하다고 역설한 이후 현실화되었다. 북한이 이 전술을 구사하는 이유는 이런 지하당이 남한 혁명을 추진하는 혁명의 주력군을 편성하는 거점인 동시에 결정적

---

7 이 전술은 병사와 중하층 장교를 대상으로 이들에게 혁명사상을 고취시키고 이런 인원을 확대해 혁명역량을 강화하라는 전술이다.

시기에 혁명을 지도할 혁명의 참모부 역할을 수행할 수 있다고 판단하기 때문이다. 또한 남한 혁명이 북한 주도에 의해 일어난 것이 아니라 남한 주민에 의해 일어난 것임을 위장하기 위해서이다.

통일전선전술이란 통일전선을 형성하기 위한 전술이다. 북한이 정의하고 있는 통일전선이란 "일반적으로 일정한 혁명의 전략 단계에서 그 혁명에 이해관계를 같이하는 여러 정당, 사회단체 및 개별적 인사들이 로동계급의 당의 령도 밑에 공동의 원수를 반대하여 싸우며 같은 목적을 달성하기 위하여 묶은 정치적 련합"[8]을 말한다. 통일전선전술은 공산주의자들의 투쟁 방식 중 가장 기본적인 형태의 전술로서 자신의 힘만으로 부족할 때 동조 세력을 획득해 이들과 잠정적인 동맹체를 형성하고 투쟁하는 조직 전술이다. 통일전선전술의 효시는 마르크스·엥겔스의 계급동맹론으로 거슬러 올라간다. 북한은 프롤레타리아를 중심으로 농민, 도시 근로자가 연합한다는 마르크스·엥겔스의 계급동맹론을 발전시켜 청년 학생과 '진보적 지식인' 등을 동조 세력에 포함시키고 있다. 북한이 말하는 남한 내의 주력군과 보조역량이 바로 동조 세력이다.

프락치 전술이란 북한에 포섭된 인사나 북한에 우호적인 인사

---

8 허종호, 『주체사상에 기초한 남조선 혁명과 조국통일리론』(평양: 사회과학출판사, 1975), p.102.

를 제도권에 침투시키는 전술이다. 러시아어인 프락치^{fraktsiya}란 말은 영어로 프랙션^{fraction}이다. 즉, 프락치란 일반 대중 조직에 비밀리에 침투시켜놓은 조직원을 지칭하는 말이다. 프락치는 정치권, 행정권, 사법권, 군대, 학교 등 제도권은 물론이고 예술, 종교, 학문 분야 등에도 침투할 수 있다.

지하당을 구축해 통일전선전술과 프락치 전술을 전개하면 이에 포섭된 한국 내의 북한식 '주력군'과 '보조역량'이 활동을 하게 된다. 이들의 활동은 앞의 〈표 2〉에 제시된 투쟁 형태와 표어 형태로 나타나게 된다.

북한은 주력군뿐만 아니라 보조역량 편성에도 많은 노력을 기울인다. 북한은 남한 국민들의 대북 적개심을 해소시키고, 대한민국과 미국을 이간질하고 대한민국 정부와 국민을 이간질하는 방법을 추구하면 혁명의 보조역량이 강화될 것으로 보고 있다. 이것이 성숙되면 주한미군은 철수하고 혁명의 주력군과 보조역량이 혁명을 일으켜 대한민국 정부를 전복할 수 있게 된다. 이렇게 되면 북한의 당면 목표가 달성되는 것이다.

북한은 민족과 자주를 유난히 강조한다. 북한은 '우리', '민족' 그리고 '자주'라는 단어를 교묘히 배합해 남한 내의 대북 적개심을 없애고 주한미군의 절수를 부추기고사 한나. 북한이 주장하는 '우리 민족끼리'와 '민족공조'가 그 대표적인 슬로건이다. 우리 민족끼리 또는 민족공조의 의미 속에는 '우리'라는 공동체를 위해 '외세'를 배격해야 한다는 논리가 전제되어 있다. 북한은 1972년 남북공동성명서에서 채택된 민족이라는 용어를 민족단결로 구체화했다. 김일성은 1990년 5월 최고인민회의 제9기 제1차 회의 시정연설에서 '조국통일 5대 방침'을 밝히면서 민족단결을 주장했다. 이후 김일성은 1993년 '조국통일을 위한 전 민족대단결 10대 강령'[9]에서, 김정일은 1998년 '민족대단결 5대 방침'[10]에서 민족단결을 주장했다. 북한은 김일성-김정일 세대에 걸쳐 민족단결을 주장했는데 이

---

9 김일성이 1993년 4월 7일 최고인민회의 제9기 5차 회의에서 제시한 일종의 통일 강령으로 그 내용은 다음과 같다. ① 전 민족의 대단결로 자주적이고 평화적이며 중립적인 통일국가를 창립해야 한다. ② 민족애와 민족자주정신에 기초해 단결해야 한다. ③ 공존, 공영, 공리를 도모하고 조국통일 위업에 모든 것을 복종시키는 원칙에서 단결해야 한다. ④ 동족 사이의 분열과 대결을 조장하는 일체의 정치적 논쟁을 중지하고 단결해야 한다. ⑤ 북침과 남침, 승공과 적화에 대한 우려를 다 같이 없애고 서로 신뢰하고 단합해야 한다. ⑥ 민주주의를 귀중히 여기며 주의·주장이 다르다고 하여 배척하지 말고 조국통일의 길에서 함께 손잡고 가야 한다. ⑦ 개인과 단체가 소유한 물질적·정신적 재산을 보호해야 하며 그것을 민족대단결을 도모하는 데 이롭게 이용하는 것을 장려해야 한다. ⑧ 접촉, 왕래, 대화를 통해 전 민족이 서로 이해하고 신뢰하며 단합해야 한다. ⑨ 조국통일을 위한 길에서 북과 남, 해외의 전 민족이 서로 연대성을 강화해야 한다. ⑩ 민족대단결과 조국통일 위업에 공헌한 사람들을 높이 평가해야 한다.

10 1998년 4월 18일 '남조선 정당 사회단체 대표자 련석회의 50돌 기념 중앙 연구토론회'에서 김정일이 제시한 통일 방침을 지칭하는 것으로, 이를 요약하면 다음과 같다. ① 민족대단결은 철저히 민족자주원칙에 기초해야 한다. ② 애국애족의 기치 밑에 온 민족이 단결해야 한다. ③ 민족대단결을 위해서는 북과 남 사이에 관계 개선을 해야 한다. ④ 민족대단결을 위해 외세의 지배와 간섭을 반대하고, 외세와 결탁한 민족 반역자들과 반통일 세력에 반대하여 투쟁해야 한다. ⑤ 민족대단결을 위해 북과 남, 해외 온 민족이 서로 왕래하고 접촉하며, 대화를 발전시키고 연대연합을 강화해야 한다.

렇게 주장해야 남한 내의 대북 적개심을 해소하고 외세를 배격할 수 있다고, 더 정확히 말하면 주한미군을 철수시킬 수 있다고 판단했기 때문이다.

대북 적개심 해소와 반미反美를 위한 북한의 주장은 2000년 6·15남북공동선언 이후에는 '우리 민족끼리'와 '민족공조'로 바뀌었다. 북한은 2001년 1월, '우리 민족끼리 통일의 문을 여는 2001년 대회'에서 "외세와의 공조를 배격하고 민족공조로 통일 문제를 우리 민족 자체의 힘에 의해 해결해나가자"고 제의함으로써 또다시 민족을 앞세웠다. 핵실험을 한 북한에 대해 일부 한국 국민들이 "설마 같은 민족에게 핵무기를 사용하겠느냐"라는 반응을 보였던 것도 북한이 일관되게 주장해온 '우리'와 '민족'이라는 말이 이미 남한사회에 잘 먹혀들고 있음을 반증하는 것이다.

Ⅲ. 대남혁명전략 시도 사례

북한은 대남 혁명이라는 당면 목표를 달성하기 위해 다양한 형태의 전략을 구체적으로 실현하고자 했다. 여기에서는 북한에 의한 지하당 구축 사례, 자생적 친북 및 종북 단체 사례, 그리고 인터넷에 의한 선전선동, 즉 사이버 통일전선전술만을 서술하고자 한다.

1. 지하당 구축

북한은 남한의 혁명 과업을 수행하기 위해 1960년대부터 지하당을 구축하기 시작했다. 1960년대에는 통일혁명당과 인민혁명당을, 1970년대에는 남민전(남조선민족해방전선)을, 1980년대에는 한국민족민주전선(현 반제민전)을, 1990년대에는 남한조선노동당 중앙지역당과 민족민주혁명당(민혁당) 등을 남한에 구축한 바 있다.[11] 또한 2006년에는 일심회, 그리고 2011년에는 왕재산 간첩단 사건이 발생함으로써 북한의 지하당 구축 노력은 변함없이 지속되고 있음을 보여주고 있다.

통일혁명당은 김일성의 지시에 의해 만들어졌다. 북한은 1960년대 전후 복구사업을 완료하고 정치, 경제, 군사 등 다양한 차원에

---

11 유동열, 『주제가 있는 통일문제 강좌 23: 북한의 대남전략』(서울: 통일부 통일교육원, 2010), p.27.

서 대남 우위에 있음을 자부하고 남한에 혁명역량을 구축하기 위해 통일혁명당을 구축한 것이다. 북한은 1965년 월북한 김종태를 통일혁명당 서울시 창당준비위원회 위원장으로 임명했고, 통일혁명당은 반체제 지식인들을 규합했다.[12] 이들은 결정적 시기가 오면 무장봉기해 수도권을 장악하고 요인들을 암살하며 정부를 전복시킬 것을 기도하다가 1968년 158명이 검거되었다. 이 중에는 문화인, 종교인, 학생들도 다수 포함되어 있었으며, 이들을 검거하는 과정에서 무장공작선, 무전기, 기관총 등을 압수했다.

북한은 1985년 7월 통일혁명당을 '한국민족민주전선'으로 개칭했으며 '통일혁명당 목소리 방송'도 '구국의 방송'으로 개칭하여 '한국민족민주전선' 명의로 담화, 성명, 호소문, 시국 해설, 논설, 투쟁지침, 구호 등을 내보냈다. 2003년 '한국민족민주전선'은 '반제민족민주전선'으로 개칭하고 방송을 중단했으며, 2004년부터 인터넷 홈페이지 '구국 전선'을 통해 신년 메시지 등을 발표하고 있다.[13] 통일혁명당(통혁당)은 한국민족민주전선(한민전)을 거쳐 반제민족민주전선(반제민전)으로 변신하면서 여전히 남한 혁명을 위한 선봉

---

12 나라사랑 편집부 편, 『통일혁명당』(서울: 도서출판 나라사랑, 1988), pp.52-82.

13 감윤용, "2005년 반제민전의 대남투쟁 선동 분석", 『민주사회연구』, 제17권 제3호(2005), pp.26-31.

장에 서 있다.

인민혁명당(인혁당) 사건은 1964년 당시 북한의 노선에 따라 움직이는 반국가단체로 각계각층의 인사들을 포섭해 당 조직을 확장하려다가 발각되어 체포된 사건이다(1차 인혁당 사건). 그 이후 유신반대 투쟁의 배후 세력으로 지목되어 인혁당 사건 연루자들이 중형을 선고받기도 했다(2차 인혁당 사건). 유족들이 재심을 청구함에 따라 2007년 무죄가 선고되기도 한 사건이다. 그러나 안병직 서울대 명예교수는 적어도 1차 인혁당은 자생적인 공산혁명 조직이었다고 주장하고 있다.[14]

1979년에 발생한 남민전南民戰 사건은 반유신과 민주화, 민족해방을 목표로 결성된 '남조선민족해방전선준비위원회'의 약칭이다. 남민전은 민주구국학생연맹, 민주구국교원연맹, 민주구국농민연맹을 결성해 조직적인 활동을 전개했다. 84명의 조직원이 체포된 이 사건은 '북한과 연계된 간첩단 사건'으로 규정되었다. 당국은 남민전을 1976년부터 1979년 10월 적발될 때까지 무력에 의한 적화통일 노선에 따라 반국가활동을 벌인 대규모 도시게릴라 단체로 규

---

14 "인혁당–통혁당–남민전 시국사건은 용공조작 아닌 실제 공산혁명운동", donga.com, 2011. 5. 25. 검색일: 2011. 10. 14. 안 교수는 5월에 공저로 출간한 저서 『보수가 이끌다: 한국 민주주의 기원과 미래』(서울: 시대정신, 2011)에서 이 내용을 밝혔다.

정했다. 그러나 2006년 '민주화운동 관련자 명예회복 및 보상심의 위원회'는 남민전 관련자 중 일부 인원에 대해 민주화운동 관련자로 인정했다.[15]

그러나 1960년대~1970년대 좌익운동 이론가로 활동했던 안병직 서울대 명예교수는 남민전은 명백히 북한과 연합전선을 구축하려 했고 무장 게릴라 활동자금을 마련하기 위해 강도 행각까지 벌였는데도 '민주화운동 관련자 명예회복 및 보상심의위원회'가 관련자 29명을 민주화운동 관련자로 인정했다고 지적했다.[16]

1992년에 발생한 '남한조선노동당 중부지역당' 사건은 남로당사건 이후 최대 규모의 간첩 사건으로 불렸던 남한조선노동당사건으로 중부지역당 총책 황인오와 민중당 출신 손병선, 전 민중당 공동대표 김낙중, 전 민중당 정책위의장 장기표 등 총 62명이 국가보안법 위반 혐의로 구속되고 300여 명이 수배된 사건이다. 당시 안기부는 이 조직이 거물 간첩 이선실이 황인오를 포섭해 서울, 인천 등 전국 24개 주요 도시의 46개 기업 및 단체 등 각계각층으로 구성된 300명의 조직원을 확보한 가운데 북한 조선노동당과 남한 대중

15 네이버 백과사전(http://www.naver.com), 검색일: 2011. 10. 14.

16 "인혁당—통혁당—남민전 시국사건은 용공조작 아닌 실제 공산혁명운동", donga.com, 2011. 5. 25. 검색일: 2011. 10. 14.

을 연결하는 역할을 수행해온 비합법 지하조직이라고 밝혔다. 1992
년 10월 구속 기소된 사건의 주역들 중 황인오, 김낙중, 손병선 등이
무기징역을 선고받고 황인오의 동생 황인욱은 징역 13년을 선고받
았으나, 이들 4명 모두 1998년 8·15광복절 특사 때 형집행정지 및
가석방 등으로 풀려났으며, 강원도당의 주역 최호경도 이듬해 8·15
광복절 특사 때 형집행정지로 풀려났다.

1999년 9월, 민족민주혁명당(민혁당)은 대학가의 주사파 핵심
세력을 포섭해 조선노동당에 가입시키고 지하당을 조직해 친북활
동을 벌이다가 적발되었다. 1998년 12월 전남 여수 해안에서 격침
된 반잠수정은 민혁당 지도원으로 남파된 간첩을 복귀시키기 위해
내려왔던 것으로 밝혀졌다. 당시 반잠수정에서 회수한 전화번호 수
첩 등을 단서로 민혁당의 실체를 파악할 수 있었는데, 이들 중 일부
는 입북해 김일성을 면담하기도 했고 남파간첩에게 은신처를 제공
하기도 했으며 조선노동당에 입당한 사람도 있었다.

2006년 국정원과 검찰은 북한의 지령에 따라 국가기밀을 수집
해 북한에 보고한 혐의 등으로 전 민노당 사무부총장과 전 중앙위원
등 6명을 간첩 혐의로 기소했다. 이것이 소위 말하는 '일심회' 사건
이다. 당시 공안 당국은 이 사건을 민노당 전·현직 간부와 386세대
운동권 출신이 연루된 간첩단 사건으로 규정했으며, 2007년 대법원

은 간첩단에 대해서는 무죄를 선고했으나, 국가기밀 수집 혐의 등에 대해서는 모두 유죄를 인정해 관련자들 대부분에게 징역형을 선고했다. 민노당은 이 사건을 계기로 종북從北주의 노선 포기 여부에 대한 갈등을 벌이다가 민노당과 진보신당으로 분당되었다. 그러나 이 당시 국정원 원장이었던 김승규는 일심회 사건에 대한 본격 수사를 착수한 지 3일 만에 노무현 대통령으로부터 사퇴를 요구받아 사퇴했다. 일심회 사건 수사 과정에서 청와대를 비롯한 386 운동권 출신 정치인들의 연루설이 제기되면서 국정원이 정치권의 386들로부터 압력을 받고 있다는 논란이 제기되기도 했다. 김 전 원장은 여전히 일심회 사건은 간첩단 사건이 분명하다고 주장하고 있다.[17]

2011년 8월, 북한 225국으로부터 지령을 받아 17년 동안 국내에서 간첩활동을 벌인 왕재산 조직이 간첩활동 혐의로 체포되었다. 왕재산 조직의 총책인 김덕용은 1980년대 주사파로 활동하다가 1990년대 초 북한 225국에 포섭되어 '관덕봉'이라는 명칭으로 간첩활동을 시작했다. 김덕용은 1993년 8월 김일성과 직접 면담을 통해 "남조선 혁명을 위한 지역지도부를 구축하라"는 공작 지령을 받

---

17 최원규, "간첩단 '일심회' 수사하던 김승규 국정원장에 노 대통령 '이제 그만 하시라고요' 사퇴 요구", Chosun.com, 2011. 09. 06. 검색일: 2011. 10. 14. 대통령의 사퇴 요구는 폭로 전문 웹사이트인 위키리크스가 최근 공개한 미국 외교 전문에 나와 있는 내용이며 김 원장의 지인들은 이 내용이 사실이라고 말했다.

고 주사파 운동권 출신 3명 등과 함께 2001년 3월에 북한이 김일성의 항일유적지로 선전하고 있는 함북 온성 소재의 '왕재산'을 명칭으로 하는 지하당을 조직했다. 이들은 지역책, 선전책 등으로 조직을 구성해 역할을 분담했으며, IT 업체로 위장해 합법적인 사업을 하는 것처럼 연락을 유지해왔다. 서울지역책 이 아무개는 임채정 전 국회의장의 정무비서관 출신이기도 하다.

왕재산은 북한 지령문과 대북 보고문 등을 암호화해 북측에 전달했다. 김덕용 등은 북한으로부터 훈장을 받기도 했으며, 김일성과 김정일 생일에 수십 장의 충성결의문을 작성하기도 했다. 검찰은 225국이 인천 지역의 혁명 전략적 거점화를 위해 행정기관과 방송국, 군부대 등을 유사시에 장악하도록 왕재산에게 지시했다고 밝혔다. 이들은 정치권 동향 등 정세 정보와 용산 미군기지 및 주요 군사시설 등이 포함된 위성사진과 미군 야전교범, 군사훈련용 시뮬레이션 게임 등을 수집해 대용량 하드디스크에 저장해 북한에 제공한 것으로 드러났다. 또 왕재산은 국내 정치권 외에도 경제계, 학계 등에 광범위한 네트워크 구축을 시도한 것으로 확인되었다. 검찰이 김덕용을 포함한 9명의 자택과 사무실, 한국대학교육연구소 등 모두 13곳을 압수 수색한 것을 보면 통상적인 한국의 연구기관까지 왕재산의 정보수집 대상이었다는 것을 알 수 있다. 검찰은 김덕용 등이 중

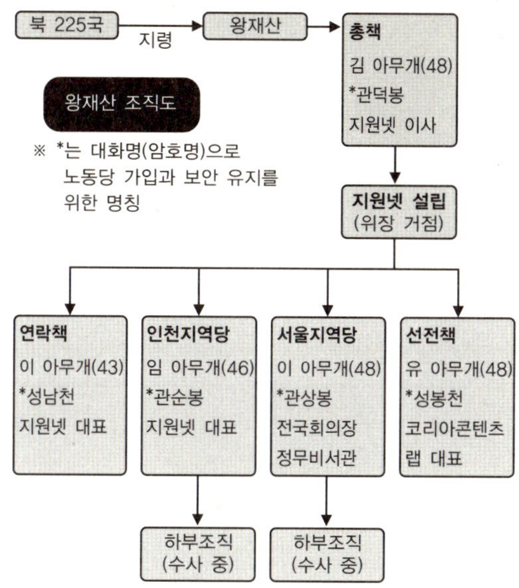

〈그림 2〉 왕재산 조직도

출처: 《mk뉴스》, 2011. 8. 26. 검색일: 2011. 10. 14.

국, 일본, 말레이시아 등에서 총 34회에 걸쳐 225국 공작조를 만나 지령을 수령했다고 밝혔다.[18]

왕재산 조직도는 위의 〈그림 2〉와 같다.

---

[18] 2012년 2월 23일 서울중앙지법 형사24부는 왕재산 조직을 결성하고 간첩활동을 한 혐의로 구속 기속된 왕재산 총책 김덕용(49)에게 징역 9년과 자격정지 9년을 선고했다. 인천지역책으로 활동해온 임 아무개(47)와 이 아무개(49)에게는 각각 징역 7년과 자격정지 7년을, 연락책인 이 아무개(44)에게는 징역 5년과 자격정지 5년을 선고했다. 가담 정도가 경미한 유 아무개(47)에게는 징역 2년에 집행유예 3년을 선고했다. 그러나 왕재산 결성 혐의는 증거 부족으로 무죄를 선고했다. 채윤경, "'왕재산' 총책 김덕용 징역 9년형", 《중앙일보》 2012. 2. 24. 22면: 왕재산 사건 관련자 중 2명은 김대중 정부 시절 '민주화운동 관련자'로 인정되어 각각 420만원과 1,400만원의 보상금을 받은 바 있다. 최보식, "'간첩잡기'의 어려움", 《조선일보》 2012. 1. 20. A30.

2. 자생적 친북 및 종북 단체

엄밀히 말하면 자생적 친북 및 종북 단체는 북한의 지령이나 지하당에 의해 구축된 단체는 아니다. 그럼에도 불구하고 이 단체들은 북한의 주장을 거의 무비판적으로 수용하고 있을 뿐만 아니라 이를 확대 재생산하는 데 기여하고 있다. 이들은 특히, 북한이 남한 혁명을 위해 당면 목표로 제시하고 있는 주한미군 철수와 민주주의 혁명을 주장하는 것은 물론 국가보안법 철폐, 북한의 통일 방안인 연방제 통일 방안도 지지하고 있다. 북한은 이들이 자생적 혁명의 주력군이나 보조역량이 될 수 있다고 판단하고 있으며, 굳이 지하당을 구축하지 않더라도 이들을 통해 자신들의 당면 목표를 달성할 수 있다고 생각할 수도 있다. 북한이 남한을 먼저 붕괴시킬 수 있다고 확신하는 것도 바로 이 때문이다. 대법원에서 이적利敵단체로 판결한 2개 단체를 먼저 살펴보고 기타 단체들을 간단히 살펴보자.

'조국통일범민족연합(범민련)'은 남북한과 해외의 모든 민족 성원이 참여해 통일 방안과 통일 실천 과제를 논의하자는 목적으로 1990년에 설립되었다. 범민련 산하에는 남측·북측·해외본부 3개 본부가 있으며, 범민련 해외본부 밑에는 미국, 유럽, 독립국가연합CIS, 중국, 캐나다, 호주 등에 지역본부가 있다. 범민련 남측본부는 결성준비위원회를 거쳐 1995년에 결성되었고 서울, 광주, 전남 등

6개 지역본부와 '조국통일범민족청년학생연합(범청학련)'으로 구성되어 있다. 범민련은 연방제 통일 지지, 주한미군 철수, 국가보안법 철폐 등을 내세우고 있어 1997년 대법원으로부터 이적단체 판결을 받았다. 그럼에도 불구하고 범민련은 해체되지 않고 여전히 활동을 계속하고 있다.

'한국대학총학생회연합(한총련)'은 1980년대 학생운동을 주도했던 전대협을 계승해 1993년에 만들어진 학생운동단체이며 지역별로 지부가 있다. 한총련 4기는 1996년 여름 연세대학교에서 열린 8·15 통일대축전 및 범민족대회에서 벌어진 대규모 폭력 시위로 인해 이듬해 대법원에 의해 이적단체로 규정되었다. 이후 한총련 5기 및 6기, 그리고 10기도 이적단체로 규정되었다. 이들은 주한미군 철수, 국가보안법 철폐, 북미평화협정 체결, 6·15남북공동선언 이행 등을 주요 활동 목표로 하고 북한의 혁명 노선을 찬양·고무·선전하며 이에 동조했기 때문에 이적단체로 규정되었던 것이다. 2011년 6월, 방송통신심의위원회는 대법원으로부터 이적단체로 판결받은 한총련의 행위들은 사실상 모두 불법이고 국가보안법이 금지한 이적표현물을 홈페이지에 게재한 한총련 홈페이지를 폐쇄하라고 결정했다.

대법원이 이적단체로 판결한 범민련과 한총련 이외에도 상당한 수의 친북 및 종북 단체들이 있다. 현재 국내의 친북 및 종북 단체들은 김대중·노무현 정권 때보다 세력이 훨씬 더 확대되었고, 북한의 선전선동을 거의 그대로 확대 재생산하거나 실천하는 경향이 강하다. 그리고 북한의 선전선동 내용과 다른 쟁점들을 혼합해 국가보안법을 교묘히 피해나가는 전술을 구사하고 있다.

2007년 준비위원회를 거쳐 이듬해 1월 창설된 "한국진보연대는 전국민족민주연합(전민련), 민주주의민족통일전국연합, 전국민중연대/통일연대로 이어져온 한국 진보진영의 연대연합운동을 계승"한 단체로서 "한미 FTA 저지, 주한미군 철수, 평화협정 체결, 국가보안법 철폐, 한 세기에 걸친 외세의 지배를 끝내고 자주의 새 시대"[19]를 열어나갈 것을 출범 선언문과 강령에서 제시하고 있다. 한국진보연대는 전민련, 전국연합, 통일연대 및 민중연대를 해산해 진보연대를 만들었다고 주장한다. 진보연대는 1,600여 개 시민단체가 참여한 촛불집회를 실제로 주도한 단체이다.

1991년 창설된 전국연합은 국가보안법 철폐, 주한미군 철수, 평화협정 체결, 연방제 통일을 공개적으로 주장하며 국내에서 벌어진 대부분의 반미집회를 주도했다. 전국연합이 지향하는 연방제 통

---

19 한국진보연대 홈페이지(http://www.jinbocorea.org/) 참고.

일은 사회주의 통일이다. 소위 말하는 '9월 테제'로 불리는 자료집을 보면, "연방통일조국 건설은 북한의 사회주의 혁명역량과 미국의 제국주의 세력의 대결에서 사회주의 혁명역량이 승리하고, 남한 내 민족민주전선 역량이 친미 예속 세력의 대결에서 승리한 뒤, 남한 내 민족민주전선역량의 반제투쟁이 북한의 사회주의 혁명역량이 승리의 기선을 잡은 반제전선에 가세·결집하는 양상으로 전개될 것이다"라고 명시되어 있다.[20] 전국연합이 지향하고자 하는 목표는 북한의 당면 목표와 정확히 일치한다.

통일연대와 민중연대도 국가보안법 철폐, 주한미군 철수, 한미동맹 파기, 6·15공동선언 실천 등을 주장함으로써 전국연합과 동일 노선을 걸어온 조직이다. 좌파 회의체인 전국연합이 두뇌라고 한다면, 통일연대와 민중연대는 양익兩翼으로 활동했다고 볼 수 있다. 북한 통일전선 공작단체인 반제민전(반제민족민주전선, 구 한민전)이 직접 "구체적으로 전국연합, 민중연대, 통일연대 등은 향후 실질적 민족민주전선 건설 사업을 담당하는 주체"라고 밝혔을 정도로 북한이 신뢰하는 한국의 친북·종북 단체들이다. 인천 맥아더 동상 파괴 시위 시에 전국연합, 통일연대, 민중연대가 함께 했으며 이들 3개 단체

---

20 김성욱, "친북세력 실체와 대안", 국가발전미래교육협의회, 『대한민국 안보 무엇이 문제인가?』(서울: 국가발전미래교육협의회, 2010), pp.46-47.

는 사회적 이슈가 생길 때마다 소위 말하는 범대책위원회(범대위)를 구성해 반미시위를 격화시켜왔다.

2001년 '매향리미군국제폭격장폐쇄범국민대책위원회', 2002년 '미군장갑차 고故신효순·심미선살인사건범국민대책위(여중생범대위)', 2005년 '빈곤을 확대하는 APEC반대·부시반대국민행동' 및 '평택미군기지확장저지범국민대책위(평택범대위)', 2006년 '한미FTA저지범국민운동(FTA 범국본)' 등 그동안 만들어진 대다수 범대위가 이들 3개 단체 작품이며, 이 밖에도 다양한 단체들이 참여했지만 언제나 이들이 주도자였다.[21]

범대위는 촛불집회 형태의 시위를 하는가 하면, APEC 반대, 광주 패트리어트 철수 시위, 맥아더 동상 철거, 평택 미군기지 건설 반대 시위 등에 각목, 죽창, 파이프, 돌 등을 사용하기도 했다. 불법폭동은 국내 집회 및 시위의 일상적인 모습이 되어가고 있다.

자생적 친북·종북 단체들이 북한과 전혀 연계되지 않은 채 북한이 제시하고 있는 당면 목표와 최종 목표를 달성하기 위해 노력할 수도 있다. 그러나 2011년 1월 서울 중앙지법이 한국진보연대 공동대표인 한충목과 그 일행에게 북한 공작원의 지령을 받아 반미투

---

21 김성욱, "친북세력 실체와 대안", 국가발전미래교육협의회, 『대한민국 안보 무엇이 문제인가?』(서울: 국가발전미래교육협의회, 2010), p.49.

쟁을 벌인 혐의(국가보안법 위반)로 징역 1년 6월 및 자격정지 1년 6월, 집행유예 3년을 선고한 것을 보면 그렇지도 않은 것 같다. 재판부는 "이들은 '북한의 핵개발과 미사일 발사를 자주권이며 연방제만이 옳은 통일 방법'이라는 등 북한이 주장하는 내용과 같은 주장을 하고 있으므로 북한에 동조한 것이 인정된다"고 판시했다. 특히, 한 대표는 2004년 12월부터 2007년 11월까지 중국 베이징과 북한 개성 등지에서 수차례 북한 공작원과 접촉해 황장엽 전 북한노동당 비서 처단 등의 지령을 받은 혐의를 받고 있다.

3. 사이버 통일전선전술

2000년대 이후 북한은 오프라인뿐만 아니라 온라인을 통해 사이버 통일전선전술을 강화해왔다. 특히, 북한은 세계 최고 수준을 자랑하고 있는 남한의 인터넷 공간을 남한 혁명을 달성하기 위한 수단으로 사용하고 있다. 북한은 남한의 인터넷 공간을 적화의 수단으로 삼기 위해 인터넷 전사를 양성하고 인터넷 사이트를 운영한다. 북한이 운영하는 인터넷 사이트에 게시된 게재물들이 거의 원본 그대로 국내의 친북·종북 세력들의 인터넷 사이트에 게시되어 이것이 아무런 여과장치 없이 남한의 모든 인터넷 이용자에게 파고든다.

북한은 1986년부터 김일성 군사대학에서 5년 과정의 컴퓨터 전산교육을 실시한 뒤 관련 부서에 배치하고 있다. 북한의 해킹 능력은 미 CIA 수준으로 평가받고 있으며, 북한은 이를 바탕으로 사이버 선전선동, 사이버 간첩교신, 사이버 통일전선 구축, 사이버 정보 수집 및 해킹, 심지어 사이버 공격까지 감행한다. 북한의 사이버 능력은 이미 DDoS 공격과 농협 전산망 공격으로 확인되었다.

제2절 대남혁명전략의 수단에서도 언급했듯이 북한의 반제민전은 '구국전선'이라는 인터넷 사이트를 운영하고 있고, 조평통은 '우리민족끼리'라는 기관 사이트를 운영하고 있다.

반제민전은 '구국전선'을 통해 매년 신년 초 대남투쟁 방향을 함축한 '신년 메시지'를 발표하고 특별한 상황이 발생하면 이에 맞는 대남투쟁지침을 발표한다. 남한의 친북·종북 사이트들은 이 내용을 자신들의 홈페이지에 그대로 게시하거나 일부 수정해서 올리고 대남투쟁지침대로 실천에 옮긴다.[22]

구국전선의 신년 메시지에 제시된 대남투쟁은 크게 세 가지이다.[23] 첫째, 투쟁 주체는 남한 혁명의 주력군으로 애국적 전위투사와 노동자, 농민, 청년학생, 지식인, 종교인을 비롯한 각계각층 국민들

---

22 차주완, "북한의 통일전선전술 변화 연구", 『군사논단』, 통권 제66호(2011년 여름), p.44.

23 차주완, 앞의 글, p.59.

로서 변하지 않는다. 둘째, 주요 대남투쟁 과제는 북한의 3대 투쟁 목표인 반미자주화투쟁, 반파쇼민주화투쟁, 조국통일투쟁과 선군 정치 지지 옹호 및 민족민주운동 역량 강화이다. 셋째, 구호는 확고히 들고 나가야 할 투쟁의 기치이며 승리의 푯대라고 하면서 대중을 선동하기 위해 제시되는 것으로, 해마다 그 내용을 달리하고 있다.

구국전선 사이트의 '우리의 주장'란에는 남한의 친북·종북 단체들의 투쟁을 부추기는 선전물들 수백 건이 게시되어 있다. 우상화, 주체사상과 우리민족끼리 사상 등 체제 및 이념 선전, 선군 정치와 통일강성대국 건설 등 정책 및 제도 선전, 남한의 지도자에 대한 비방, 국방·통일·외교 등 한국의 정책 비방 및 반정부투쟁 선동, 반미 등 반외세투쟁 선동, 계급 간·정부 및 민간인 간의 갈등 조장 내용 등이다.

방송통신위원회는 국가보안법 등에 근거해 구국전선 등 46개 해외 친북 인터넷 사이트에 대해 차단 조치를 내렸지만, 이런 단속에도 불구하고 국내 친북·종북 단체들은 인터넷의 특성을 이용해 해외 사이트와 연결하고 있다. 실제 '전국연합', '남북공동선언 실천연대', '범민련 남측본부', '민주노동당' 등의 자유게시판에는 당일 발표된 구국전선의 자료들이 그대로 게재되기도 한다.[24] '남북공

---

24 유동열, "북한 및 국내 좌파권의 사이버투쟁 실태", 『자유민주연구』, 제2권 제2호(2007), p.46.

동선언 실천연대', '범청학련남측본부', '한국진보연대' 사이트에는 구국전선의 게시물이 원문과 동일하거나 원문과 유사하게 게시되어 있다. 2007년부터 2009년까지 3년 동안 범청학련남측본부는 원문과 동일한 게시물을 125건, 원문과 유사한 게시물을 988건 게시했고, 남북공동선언실천연대는 동일 게시물 40건, 유사 게시물 27건을 게시했으며, 한국진보연대는 동일 게시물 14건, 유사 게시물 9건을 게시했다.[25]

경찰이 최근에 검거한 종북 활동 혐의자들의 현황을 보면, 사태는 더 심각하다. 2011년 10월 19일, 경찰은 병무청 직원, 민항기 조종사, 공군 장교, 변호사, 교수, 의사, 교사 등 70여 명을 웹사이트에서 종북 활동을 한 혐의로 검거했다고 밝혔다. 이들 중 상당수는 한때 7,000명의 회원을 거느린 종북 사이트인 '사이버민족방위사령부'(현재는 폐쇄) 회원으로 활동했다고 밝혔다. 경찰이 2008년부터 2011년까지 집계한 안보사범 360명의 직업별 현황을 보면, 친북단체 등 시민단체 활동가 138명, 교사 31명, 회사원 30명, 탈북자 16명, 군인 7명, 공기업 직원 5명, 교수 2명, 공무원 2명, 정당 당원 2명, 의

---

25 차주완, "북한의 통일전선전술 변화 연구", 『군사논단』, 통권 제66호(2011년 여름), pp.47-48.

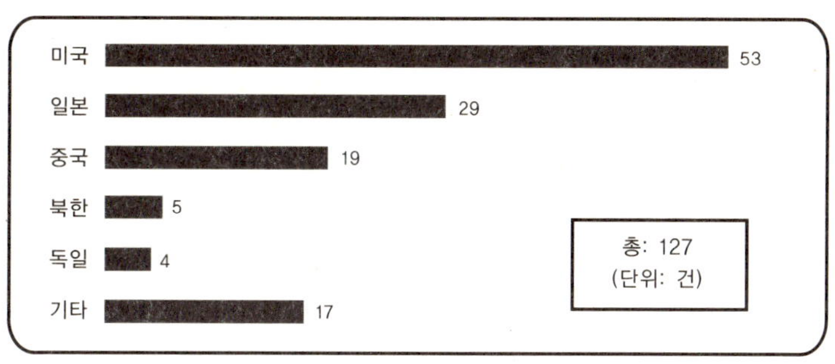

출처: 신광영·손효주, "친북 사이트 운영자 8명 중 1명이 초등생", 《동아일보》, 2011. 10. 31. A10.

사 1명, 변호사 1명, 항공기 기장 1명, 기타 124명 등이다.[26]

해외 친북 사이트도 급증하고 있다. 해외에서 개설한 서버에 이적표현물을 올릴 경우 국가보안법으로 처벌하기 어렵다는 점을 악용하는 사례가 늘고 있다. 2000년부터 2011년 10월까지 경찰이 적발한 해외 친북 및 종북 웹사이트는 127개였다. 2000년에는 5건, 2003년에는 3건에 불과했지만, 2011년에는 19건이나 적발되었다. 〈그림 3〉에서 보는 것처럼 미국이 53건으로 가장 많았고 일본, 중국 순이었다. 해당 사이트에 게시된 북한 찬양·선전 게시물 수도 2009

---

26 신광영, "온라인선 '붉은 마우스'로 종북", 《동아일보》, 2011. 10. 20. A1.

년에 6,752건, 2010년에 8,316건이었으나 2011년에는 10월 말까지 무려 1만4,714건이나 되었다. 심지어 초중학생이 운영하는 친북 사이트도 13.2%에 달했다. 또한 트위터 등 해외 친북 SNS 계정 수는 작년 33건에 이어 2011년 10월 말 현재 186건이나 되었다.[27]

북한의 사이버 통일전선전술은 국민의 안보의식에 혼돈을 초래할 정도이다. 북한과 친북·종북 세력이 연대해 한국이 유연한 대북정책을 선택하도록 사상·심리전을 전개함으로써 국민들을 현혹시키고, 일부 전교조원들의 학생 대상 친북 의식화 활동으로 젊은 이들의 안보의식이 많이 해이해졌다. 또한 우후죽순처럼 솟아난 친북·종북 세력들이 북한의 혁명 전략에 동조하는 합법·비합법 투쟁을 전개함으로써 한국 정부는 내외부적 안보 위협에 직면하게 되었다. 정치·종교·학술·예술계에 깊이 침투한 친북·종북 세력들이 적극적이고 공개적인 대중 의식화 활동을 전개하고 있어 남남갈등이 더욱 증폭되고 있다. 북한이 북한 붕괴보다 남한 붕괴가 먼저 일어날 것이라고 판단하며 개혁개방보다는 '버티면 한반도 적화'가 곧 현실화될 것이라고 믿고 있는 이유도 여기에 있을 것이다.

---

27 신광영·손효주, "친북 사이트 운영자 8명 중 1명이 초등생", 《동아일보》, 2010. 10. 31. A1, A10.

Ⅳ. 한국의 대응 전략

한국이 6·25전쟁 이후 현재까지 변함없이 주장하고 있는 것은 평화적 통일이다. 북한을 무력으로 통일해야 한다거나 북한 주민을 자유민주주의 및 시장경제 사상으로 무장시켜 북한 정권을 전복해야 한다는 주장은 단 한 번도 없었고, 또 실제로 이것을 정책으로 반영한 적도 거의 없다. 이제는 한국도 보다 적극적인 대북 전략을 펼쳐야 할 시점이라고 본다.

1. 대내 전략

우선 오프라인에서 활동하는 간첩과 지하당은 반드시 적발해 법에 의해 처벌받도록 해야 한다. 성혜림은 남한에서 활동하는 간첩이 2만 명 수준이라고 했다. 또한 일심회, 왕재산 간첩사건을 적발했지만, 적발된 지하당은 전체 지하당 중 빙산의 일각에 불과할 수도 있다. 간첩과 지하당을 발본색원하기 위해서는 김대중·노무현 시절 축소되었던 국정원, 군, 경찰, 검찰 등의 대북 정보부서 및 안보 수사기관들의 조직을 정상적 활동을 수행할 수 있도록 복원시켜야 한다.

둘째, 온라인상의 각종 사이트를 철저히 점검해 친북·종북 성향의 사이트를 지속적으로 폐쇄하거나 친북·종북 성향의 글을 삭제하도록 해야 한다. 경찰은 2011년 9월 북한을 찬양하는 기사가 2년 사이에 45배나 늘어났다고 밝혔다.[28] 북한의 지하당이나 인터넷 매체인 '구국전선' 또는 '우리민족끼리' 사이트를 통해 전파되는 반미자주화투쟁, 반파쇼민주화투쟁, 조국통일투쟁에 대한 투쟁지침과 게시물을 차단해야 한다. 북한 직영 혹은 해외 친북 사이트에 대한 접속 차단을 지속적으로 실시해야 하며 국내 친북·종북 사이트에 대한 실시간 모니터링으로 이적표현물이 게시될 경우 그 게시자를 추적해 법에 의해 처벌하고 게시물은 즉각 삭제하도록 해야 한다. 이런 노력을 기울이지 않으면 북한의 대남혁명을 선전·선동할 수 있는 게시물은 더욱 늘어날 것이다. SNS를 이용한 투쟁도 늘어날 것이다. 경찰청은 방송통신위원회에 종북 성향의 SNS 계정 220개에 대해 인터넷망이나 스마트폰 등으로 글과 그림을 읽을 수 없게 하는 '차단'을 요청했지만, 기술적인 문제로 완벽한 차단이 불가능한 실정이다.[29] 사이버 투쟁을 규제할 관련 법령의 보완 및 제정이 필요하고 유관기관이 참여하는

---

28 김은성, "전 국정원 국내 담당 차장의 경고", 《뉴데일리》, 2011. 10. 4. 검색일: 2011. 10. 14.

29 조평통이 운영하는 트위터 '우리민족끼리(@uriminXXX)' 등은 경찰청이 차단 요청을 했음에도 불구하고 일반인이 아무런 제한 없이 접속해 글과 그림을 읽을 수 있다. 이 트위터에 올라오는 글을 자동으로 받아보는 팔로어만 1만7,000명에 이르고 하루 6~8건씩 글이 올라오고 있다. 차단이 불가능한 이유는 트위터나 페이스북의 경우 일반적인 인터넷 홈페이지와는 달리 업체에서 인터넷 사용자가 검색어를 넣으면 자동으로 우회 경로나 다른 서비스망을 이용해 찾아들어가는 시스템을 적용하고 있기 때문이다. 이석우, "종북 트위터 차단 불가능", 《조선일보》 2011. 12. 19. A14.

사이버 안보를 위한 상설 조직을 구축해야 하며 사이버 보안기술과 전문 인력 양성 및 예산이 뒷받침되어야 한다.[30]

셋째, 국민들이 북한의 대남혁명전략에 대한 정확한 인식을 가질 수 있도록 안보교육을 강화해야 한다. 현재의 안보교육은 국내외의 정세교육이 주류를 이루고 있다. 북한은 온라인과 오프라인을 통해 한국을 적화시키기 위해 모든 노력을 경주하고 있는데 한국의 안보교육은 지극히 포괄적이다. 안보교육의 시작은 북한의 노동당 규약 서문에 명시되어 있는 북한의 당면 목표와 최종 목표가 무엇인지를 정확하게 알리고 그것이 어떻게 구체적으로 우리 사회에 나타나고 있는지를 교육하는 데 초점을 맞춰야 할 것이다. 이를 위해서는 안보교육을 담당하는 전문가가 필요하며 안보교육을 전체적으로 설계할 수 있는 안보교육 지도자도 필요하다.

2. 대북한 전략

여기서는 북한 핵문제, 6자회담, 정상회담, 북한의 개혁개방 문제는 다루지 않고 북한의 대남혁명전략에 대응하는 대북한 전략만을 다루겠다. 물론 앞서 제시한 쟁점들이 대북한 전략과 연계되지 않는

---

30 차주완, "북한의 통일전선전술 변화 연구", 『군사논단』, 통권 제66호(2011년 여름), p.54.

것은 아니지만, 대남혁명전략에 대응하는 것은 아니라고 본다.

우선, 국가적 차원에서 북한의 대남혁명전략에 준하는 대북자유화전략을 수립하고 이를 추진해야 한다. 과거의 어떤 정권도 북한을 자유화시키기 위한 전략을 수립한 적이 없다. 평화통일, 평화공존, 평화번영이 대북 전략의 핵심이었다. 이제는 감이 떨어질 때까지 기다릴 것이 아니라 감나무를 흔들어 감을 떨어뜨리는 전략을 수립할 필요가 있다. 북한 자유화를 위한 온·오프라인상의 전략이 필요한 시점이다.

둘째, 북한 정권과 북한 주민을 분리하는 전략을 수립해 시행할 필요가 있다. '풍선 날리기'는 아주 낮은 수준의 전술이기는 하나 이 또한 북한 주민에게 미치는 영향은 적지 않다. 이와 더불어 해류를 이용해 전단, 달러, 라디오, 일용품을 보내면 해안 지방의 북한 주민들에게도 자유화 바람을 일으킬 수 있을 것이다. 북한 주민을 대상으로 하는 대북방송도 국가적 차원에서 진행해야 한다. 탈북자나 극소수의 의식 있는 시민단체에 의해 일정 시간 동안만 운영되는 대북방송은 제한적일 수밖에 없다. 특히 주민들이 휴식하는 야간 시간에 집중적으로 대북방송을 할 필요가 있다. 접적지역의 북한군에게 가장 많은 영향을 미치는 군의 대북방송과 전광판 활용도 재개할 필요가 있다.

셋째, 탈북자 단체 및 탈북자들이 북한 자유화의 선봉에 설 수 있도록 전략을 수립해야 한다. 북한 망명정부를 수립하게 할 수도 있고 각종 반북한 단체를 수립해 활동하도록 지원할 수도 있다. 이미 이들은 편지 및 전화를 통해 북한에 있는 친지들과 접촉하고 있지만, 이것이 여타 북한 주민들에게까지 더 확대될 수 있도록 해야 할 것이다.

넷째, 북한의 인터넷 운용 사이트에 접속할 수 있는 기술을 개발하고 북한이 직영하는 사이트나 친북·종북 사이트에 대한 사이버 공격과 함께 그들의 선전선동을 공격할 수 있는 댓글을 많이 게시해야 할 것이다. 북한의 인터넷 운용체제는 세계적 운용체제가 아닌 북한 나름대로 개발한 리눅스에 기반을 둔 '붉은별'이다. 이에 접속할 수 있는 기술도 개발해야 할 것이다.

V. 소결론

북한 노동당 규약 전문에 명시되어 있는 북한의 당면 목표인 민족해방(주한미군 철수)과 민주주의 혁명(합법적인 남한 정부 전복), 최종 목표인 온 사회의 주체사상화와 인민대중의 자주성 실현(사회주의 국가 건설)은 앞으로도 변함없을 것이다. 북한은 이런 목표를 한 번도 바꿔본 적이 없다. 시대별 상황에 따라 표현의 변화만 있었을 뿐 본질이나 내용은 변함이 없다.

북한은 당면 목표를 달성하기 위해 지하당을 구축하고 통일전선전술을 구사함으로써 남한 내의 혁명역량을 강화해나가고 있다. 오프라인에서만 이루어져왔던 북한의 대남혁명전략이 2000년대 이후에는 온라인상에서도 본격적으로 이루어지고 있다. 이제는 온라인이 혁명의 주요 수단이 되고 있다고 해도 과언이 아니다. 온라인에 제시된 북한의 혁명 지침과 게시물들이 한국의 친북·종북 세력의 사이트에 버젓이 올라 있고, 친북·종북 세력들은 북한의 지령대로 한국 정부와 반북 세력을 공격하고 있으며, 합법적인 투쟁뿐만 아니라 폭력투쟁까지도 서슴지 않고 있다.

한국의 법정에서 "김정일 장군 만세"를 불러도 엄한 형벌을 내릴 수 없는 것이 자유민주주의 국가인 한국의 현실이다. 한국도 한국 사회를 대상으로, 그리고 북한을 대상으로 대응전략을 수립하고 이를 실천해나가야 한다. 공안기관들이 정상적인 업무를 수행해 간첩 및 지하당을 색출해야 하고, 각종 사이트를 점검해 지속적으로 이를 폐쇄하거나 게시물을 삭제해야 하며, 국민들을 대상으로 북한의 혁명전략에 대한 올바른 교육을 시켜야 한다. 또한 북한에 대해서는 대북자유화전략을 수립해야 하고 북한 정권과 주민을 분리하는 전략을 수립할 필요가 있으며, 탈북자 단체들이 북한 자유화의 선봉에 설 수 있도록 제도적 장치를 강구해야 하고, 북한의 인터넷 매체에도 접속할 수 있는 기술 등을 개발해야 할 것이다.

북한 스스로의 붕괴를 바라는 것은 그야말로 희망적 사고wishful thinking이다. 오히려 북한은 한국이 먼저 붕괴될 것으로 생각할 수도 있다. 한국의 수많은 친북·종북 단체들이 자신들의 투쟁지침에 따라 행동하고 있다고 판단하기 때문이다. 수많은 친북·종북 단체의 홈페이지에 김일성 부자를 찬양하는 회고록 등 노골적으로 북한을 찬양하는 문서 3,009건이 게재되어 있고, 최근 스마트폰 사용이 늘면서 SNS를 통한 친북 게시물이 2010년 33건에서 2011년 63건으로 2배가량 증가했으며, 경찰이 방송통신위원회에 친북 게시물에 대해 삭제 요청 및 권고를 한 건수는 2008년 1,793건에서 2010년 8만449건으로 45배나 폭증했다는 사실이 이를 반증하고 있다. '우리

민족끼리' 홈페이지는 차단된 상태이지만, '우리민족끼리' 트위터 계정에는 북한의 입장을 대변하는 글이 올라와 있으며 이 트위터 계정의 팔로워는 2011년 10월 10일 현재 1만 648명에 이를 정도이다.[31]

우리 민족끼리와 자주의 외침 속에 숨어 있는 주한미군의 철수 요구, 민주주의 혁명의 구호 속에 숨어 있는 남한 정부의 전복 기도, 국정교과서에 자유민주주의라는 표현 대신 민주주의라는 표현이 더 옳다는 주장의 저의, '진보'의 매력 뒤에 숨어 있는 친북·종북주의자들의 무조건적인 대북 추종을 올바로 인식해야 북한의 대남혁명전략을 제대로 이해할 수 있다.

북한은 대북 적개심 해소와 반미가 어느 정도 성과를 거두면 대한민국 정부와 국민을 이간질하는 방법을 동원한다. 즉, 혁명의 주력군과 보조역량이 정부를 공격하게 만드는 것이다. 이들의 활동이 합법적인 시공간 속에서 자유롭게 이루어질 수 있도록 국가보안법을 폐지하라고 요구하는 것은 기본이다. 대한민국을 위기에서 구해낸 맥아더 장군의 동상 철거 시도는 한국과 미국을 이간질하는 고도의 심리전이었다. 효순·미선 사건은 좌파 정권을 들어서게 만들었고, 평택기지 이전에 대한 반대 투쟁은 한미동맹에 금이 가게 만

---

31 김성민, "SNS에도 종북", 《동아일보》, 2011. 10. 21. A12.

들기도 했다. 한미 쇠고기 협상에서 발생한 광우병 소동은 현 정권을 위기로 몰아넣었다. 정부가 추진하고자 하는 중요 정책, 예를 들어 4대강 사업이나 제주 강정 해군기지 건설에 대한 반대도 무조건적이다.

북한이나 한국 내 혁명의 '주력군'들은 반미 시위를 조직화해 주한미군을 철수시키고 반정부 시위를 통해 대한민국 정부를 전복시키려 한다. 이것이 북한 노동당 규약 서문에 명시되어 있는 남한에서의 민족해방 혁명이자 민주주의 혁명 과업의 완수라는 당면 목표이기 때문이다. 보조역량은 주력군의 주장에 명시적·묵시적으로 동조하면서 시위의 후열에 서거나 SNS를 통해 주력군들의 주장을 전달하는 역할을 수행한다. 남한 정부를 전복시켜 북한식 사회주의체제로 통일하겠다는 북한의 전략은 오늘날에도 온라인과 오프라인을 통해 우리 사회에 확산되고 있다.

북한과 친북·종북 세력들은 전시작전통제권 전환을 통해 한미연합사가 해체되면 주한미군도 철수할 것이라고 생각한다. 물론 주한미군을 철수시키기 위해 갖은 수단과 방법을 동원할 것이다. 또한 그들은 한반도 평화체제 구축 과정에서 합법적인 남한 정부가 전복되거나 친북 용공정권이 들어서게 되면 이들과 함께 남북 합작(연방제)을 통해 한반도의 사회주의 국가가 건설될 것이라고 생각한

다. 한반도의 남과 북은 누가 더 빨리 어느 편으로 흡수통일을 할 것
인가의 경주 속으로 내몰리고 있는 상황에서 북한이 주장하는 강성
대국의 문을 여는 해를 맞이했다.

제3장
전시작전통제권 전환의 배경과 문제점

이춘근

KOREAN NATIONAL
SECURITY IN CRISIS

Ⅰ. 서론

6·25전쟁이 정전협정으로 멈춘 지 59년째가 되는 2012년 현재까지 대한민국은 북한의 전쟁 재도발을 성공적으로 억제해왔다. 북한은 6·25전쟁 직후부터 오늘까지 무력을 통해 대한민국을 적화시키겠다는 생각을 버린 적이 없다. 대한민국과 미국의 단호한 의지가 있었기 때문에 대한민국은 북한의 남침을 지금껏 억제해올 수 있었던 것이다.

북한의 도발을 억제해온 핵심적인 안전장치는 대한민국 국군과 한미동맹이다. 한미동맹은 그동안 주한미군이 감축된 적도 있었고 동맹의 구조에도 변화가 있었지만, 북한의 전쟁 도발 억지라는 애초의 목표를 성공적으로 달성해왔다. 전쟁 억지에 성공한 한미동맹의 핵심에는 한미연합사령부가 존재하고 있는데, 한미연합사령부는 전쟁 발발 시 미군 장성이 작전을 통제하도록 되어 있는 구조이다.

북한의 침략으로 인해 전쟁이 발발할지도 모를 경우에 대비해 미군 장성이 행사하게 되어 있는 전시작전통제권戰時作戰統制權, Wartime Operational Control은 북한의 도발을 사전에 막기 위한 안전장치 혹은 전쟁억지장치로서 고안된 것이다. 실제로 전쟁이 발발하지 않았기 때문에 한미연합사 사령관인 미군 장성이 전시작전통제권을 행사한 적은 없다. 현행 한미연합사 구조가 북한의 전쟁 도발을 억지하는 최선의 방책임이 증명된 것이다.

그런데 대한민국의 종북 좌익 세력들은 오래전부터 이같이 훌륭한 국가안전보장장치를 '문제' 혹은 '나쁜 것'이라고 주장하고 이의 개정을 강력히 요구해왔다. 이런 세력들은 노무현 대통령 재임 시절인 2007년 2월, 드디어 그들의 염원이었던 전시작전통제권 '환수'[1]를 실현시켰다. 2012년 4월 17일을 기해 전시작전통제권을 한국군이 독자적으로 행사하도록 미국과 합의했던 것이다. 국가안보를 위한 확실한 보장장치가 와해되는 상황이었다.

이와 같은 상황에서 대한민국의 국가안보를 우려하는 국민들은 2012년 4월 17일부터 전시작전통제권을 한국군에 전환하기로 한 것은 결국 한미동맹을 무력화시킴으로써 북한이 다시 남침할 수 있는 기회를 열어주는 것이 되기 때문에, 전시작전통제권의 한국군 단독행사는 한반도 안전에 결정적 위험이 된다는 사실을 지적하고, 최소한 전시작전통제권 환수 시기를 늦춰야 한다는 운동을 전개했다. 대한민국 국민의 20%가 넘는 1,000만 명이 서명했으니 사실 전시작전통제권 문제는 온 국민의 관심사였던 것이다. 결국 2010년 6

---

1 사실 환수라는 말은 적당하지 않지만, 일상적으로 통용되고 있다는 의미에서 이 책에서 그냥 사용하고 있을 뿐이다.

월, 한미 양국은 전시작전통제권을 한국군이 단독으로 행사하는 시기를 애초 2012년 4월 17일로부터 2015년 12월 1일로 3년 7개월 연기하기로 약속했다.

현재 2015년 12월 1일부터 전시작전통제권의 한국군 단독행사를 위한 작업이 진행 중에 있지만, 전시작전통제권 문제는 여전히 논쟁거리로 남아 있다. 국가안보를 걱정하는 세력은 전시작전통제권 전환 시기를 특정 시점으로 못 박을 것이 아니라 '북한의 위협이 완전히 사라진 시점', 혹은 '북한의 핵 위협이 완전히 사라질 때'까지 무기한 연기해야 한다고 주장하고 있으며, 2012년 4월 17일 전시작전통제권 환수를 추진했던 세력들은 과거에 그들이 했던 주장과 똑같이 전시작전통제권은 조속히 한국군에게 전환되어야 한다고 주장한다. 종북 좌익 세력 중에는 더 이상 전시작전통제권 환수를 늦출 수 없고 계획대로 추진해야 함은 물론 한미동맹은 파기되어야 한다고 주장하는 이늘도 있다.

2012년 4월 17일부로 전시작전통제권 환수를 결정했던 사람들은 전시작전통제권이 미군 장성에게 있다는 사실은 '민족의 자존심'과 '군사주권'에 관한 문제이며, 한국 대통령이 '전시작전통제권'도 가지고 있지 못하다는 사실은 한국이 미국의 식민지라는 사실을 반증하는 것이라고 주장한다. 이들 중에는 미군 장성이 전시작전통제권을 가지고 있으면 북한이 전쟁을 도발해와도 우리 마음대로 싸우지 못할 것이라는 해괴한 논리를 주장하는 사람조차 있다.[2]

종북 좌익이 아닌 사람들 중에도 전시작전통제권을 미군이 가지고 있는 것은 '철학'(즉 국가 자존심)의 문제이기 때문에 이를 돌려받아야 한다고 주장하는 사람들이 있다. 전시작전통제권을 미군이 행사하도록 한 그 심오한 전략적 의미를 정확히 모르는 이들은 심지어 대한민국 대통령이 국군 '통수권統帥權'도 가지고 있지 못하다며 흥분한다. 이들은 전시작전통제권도 없는 대한민국보다는 북한이 훨씬 더 자주적이고 독립적인 나라라고 말한다. 일반인들이 보기에 그럴싸해 보이지만, 전시작전통제권의 조속한 환수를 주장하는 세력들의 그럴듯한 논설들은 국민을 혹세무민惑世誣民하여 자신들의 목적인 주한미군 완전 철수, 한미동맹 폐기를 달성하기 위한 말장난이라는 사실을 직시해야 한다.

이들의 주장은 전쟁이 발발할 경우 한미 양국군에 대한 전시작전통제권을 미군이 가지도록 만들어놓은 동맹체계의 본질적·전략적 이유를 이해하지 못한 데서 비롯된 무지의 소치이거나, 혹은 대한민국과 미국을 반대하는 종북·반미·좌파 세력들이 의도적으로

국민들을 오도하기 위해 만든 것이다. 한미연합사 체제의 전략적 본질을 잘 이해하지 못하는 일반 국민들은 이 반反대한민국 세력들의 잘못된 주장에 현혹될 수밖에 없는 상황이다. 우리 국민들 중 상당수는 이들의 주장에 현혹된 나머지 자주국방을 하자는 것은 당연하며, 수십 년 전에 만들어진 한미동맹체계에도 변화가 있어야 하는 것 아니냐며 전시작전통제권 환수를 오히려 바람직한 것으로 생각하기도 한다. 이들 중에는 자주국방과 우리 군 스스로 국가를 지키는 것이 뭐가 나쁜 일이냐고 말하면서 전시작전통제권 환수 연기를 주장하는 세력을 오히려 사대주의라고 매도하는 사람들까지 있다.

이처럼 그럴듯한 명분을 가지고 전시작전통제권의 조속한 전환을 요구하는 세력들은 자신들의 논리와 정반대로 미군이 앞으로도 오랫동안 전시작전통제권을 가지고 있는 것이 좋다고 주장하는 사람들을 반민족적이며 비자주적인 사람들로 매도하고 있다. 전시작전통제권의 본질과 전략적 내용을 이해하게 된다면, 왜 대한민국의 국가안보를 걱정하는 수많은 사람들이 비자주적·비민족인 것처럼 보일 수도 있는 주장, 즉 전시작전통제권을 미군이 행사하는 것이 좋다는 주장을 계속하고 있는지 알게 될 것이다.

제2장에서 필자는 전시작전통제권을 주한미군 사령관이 행사하는 것이야말로 대한민국에서 전쟁 재발을 막는 최고의 안전보장

장치라는 입장에 서서, 전시작전통제권의 조속한 전환을 요구하는 사람들의 논리적 오류를 지적하고 전시작전통제권을 미군 장성이 행사하는 것은 비자주적인 일도, 비민족적인 일도 아니라는 사실을 증명하고자 한다. 그리고 빠른 속도로 다가오고 있는 2015년 12월 1일 한국군이 전시작전통제권을 단독으로 행사해야 할 때 한국의 국방안보체계가 당면할 수 있는 문제점을 지적하고 이 문제점들을 사전에 광정匡正할 수 있는 방안을 모색하고자 이 글을 쓰게 되었다.

기왕의 한미연합사 체계가 형성된 과정과 결과에 대해서도 반대한민국 세력들은 이를 극도로 왜곡해왔다. 이들이 현재의 한미연합사 체제를 왜곡·비판한 내용들을 우리 국민들이 정확하게 이해하지 않으면 국가안보를 그르칠 우려가 있기 때문에 그 내용을 분명하게 소개하고 설명할 필요가 있다. 앞에서 제시한 목적들을 위해 제2장에서는 다음과 같은 주제들을 살펴보고자 한다.

* 현재 지속되고 있는 한미연합사 체제의 역사적 기원

* 전시작전통제권이 미군 사령관에게 귀속되게 된 전략적 본질

* 현존 한미연합사 체제의 구조와 작동 원리

* 전시작전통제권 환수를 요구하는 세력들의 논리와 그 잘못된 관점들

* 전시작전통제권 전환을 위한 노무현 정부의 노력과 미국의 대응

* 대한민국 안보를 걱정하는 세력들의 전시작전통제권에 대한 입
  장과 노력
* 이명박 정부의 전시작전통제권 전환 시기 연기 논리와 전략
* 전시작전통제권이 한국군에 전환될 경우의 문제점과 대책

이상의 주제들은 각 절로 나누어 분석할 것이며, 각 절마다 전시작
전통제권의 한국군 단독행사를 요구하는 세력들의 논리와 그 문제
점들을 객관적·전략적으로 분석할 것이다. 우선 제II절에서는 전시
작전통제권 및 한미연합방위 체계의 역사를 서술하고자 한다. 제III
절에서는 전시작전통제권을 환수하려는 세력들의 논리를 비판적·
전략적 입장에서 분석하고자 하며, 이는 제3장에서 가장 중요한 부
분이 될 것이다. 전시작전통제권의 '한국군 환수'를 요구하는 세력
중에는 북한도 포함된다. 왜 북한은 전시작전통제권이 미국에 속해
있다는 사실을 그토록 비난하는가에 대한 문제도 분석할 것이다. 제
IV절에서는 전시작전통제권을 미군 장성에 귀속되게 한 본질적이
고도 전략적인 이유를 설명하고, 지금도 진행 중인 전시작전통제권
논란이 어느 방향으로 귀결되어야 할지에 대해서도 논하겠다.

Ⅱ. 한미연합방위체제의 역사적 기원과
전시작전통제권의 역사

한국과 미국은 1953년 동맹국이 되었다. 오늘날 한미동맹은 너무나 자연스러운 것처럼 보이지만 1953년 미국이 한국과 동맹을 맺은 것은 외교적·국제정치학적으로 정말 놀라운 사건이 아닐 수 없다. 세계 최강의 국가가 상대적으로 보잘것없었던 대한민국의 국가 안보를 부담하겠다고 약속했기 때문이다. 1902년 당시 세계 패권국이었던 영국과 동맹을 체결함으로써 동북아시아 제패의 발판을 마련했던 일본은 영국과 동맹을 이룩했다는 사실을 '두꺼비와 달님의 결혼'이라고까지 비유하며 기뻐했다. 일본이라는 두꺼비(잘나지 못한 나라)가 세계 초강대국 영국이라는 달님과 동맹을 체결한 것은 일본인들에게는 사실상 기적과 같은 일이었다.

'외교의 신'이라고까지 칭송되던 건국 대통령 이승만 박사가 이룩한 최대의 외교 업적이 바로 한미동맹이다. 한미동맹을 통해 미군은 한국 땅에 주둔하게 되었고 한국 땅에 미군이 주둔하는 한, 북한이 다시 한국을 무력통일하겠다고 덤빌 수 없게 되었다.

한국과 미국은 한미동맹을 체결한 이후, 동맹을 보다 효율적으로 운용하기 위해 여러 가지 장치들을 만들었다. 오늘의 한미연합사 체제는 한미 양국이 북한의 도발을 방지하고 북한이 남침할 경우 이를 격파하고 한반도를 통일하기 위해, 그동안 개발해왔던 가장 진전된 장치라고 말할 수 있다. 오늘날과 같은 효율적인 한미연합사 체제는 긴 세월에 걸쳐 이루어진 것이다.

1. 이승만 대통령, 맥아더 장군에게 작전지휘권 이양

1950년 6월 25일 북한의 기습남침을 받아 불과 3일 만에 수도를 빼앗기고 한강 이남으로 후퇴할 수밖에 없었던 이승만 정부는 한국을 지원하기 위해 세계 16개국에서 파견된 국제 연합군의 덕택으로 구사일생했다. 한국군은 전쟁 발발 10일이 지난 7월 5일, 미국과 유엔군의 지원에 힘입어 제1군단 사령부를 창설하고 육군을 1개 군단, 5개 사단 및 3개 연대로 재편하고 전열을 가다듬었다.[3] 한국군은 미군과 함께 우선 북한군의 진격을 지연시키는 작전을 시행했다.

그러나 아직 한미 양국군의 연합작전 체계는 이루어지지 않은 상태였고 경부 가도를 중심으로 서쪽은 미군이, 동쪽은 한국군이 방어를 담당하는 식이었다. 전쟁 초기 한미 양국군은 반격을 하기는커녕 지속적으로 패퇴하는 상황이었다. 이 같은 심각한 상황에서

---

3 국본 일반명령 제2호.(1950. 7. 5.)

이승만 대통령은 전쟁을 승리로 이끌기 위한 전시의 정책적 조치로서 정일권 참모총장에게 유엔군 사령부의 지휘를 받으라는 명령을 구두로 전달한 다음, 주한미국대사를 통해 맥아더 원수에게 정식으로 국군의 작전지휘권Command Authority을 "현 작전 상태가 지속되는 동안 이양한다"는 서한을 전달했다.[4]

이승만 대통령의 편지를 받은 맥아더 사령관은 7월 17일 미 제8군 사령관에게 한국 지상군의 작전지휘권을 이양했고, 한국 육군은 미 제8군 사령관, 해군과 공군은 각각 미군의 극동 해·공군 구성군 사령관의 작전 통제를 받게 되었다. 이로써 한국 영내에서 북한 공산군과 싸우는 모든 부대의 지휘 통일이 이루어지게 되었다. 맥아더 장군은 7월 18일 무초John Mucho 주한미국대사를 통해 "대한민국 육·해·공군의 작전지휘권Operational Command Authority 이양에 관한 이승만 대통령의 결정을 영광으로 생각하는 바이며, 유엔군의 종국적인 승리를 확신한다"는 답신을 보냈다. 이승만 대통령의 편지와 맥아더 장군의 편지 내용은 7월 25일 유엔 사무총장에게 전달되었

---

4 서한의 내용은 다음과 같다. "대한민국을 위한 유엔의 공동 군사 노력에 있어 한국 내 또는 한국 근해에서 작전 중인 유엔의 육·해·공군 모든 부대는 귀하의 통솔하에 있으며, 또한 귀하는 그 최고사령관으로 임명되어 있음에 비추어 본인은 현 적대행위의 상태가 계속되는 동안 대한민국 육·해·공군의 모든 지휘권을 이양하게 된 것을 기쁘게 여기는 바이다." 서울신문사, 『주한미군 30년』(서울: 서울신문사, 1979), p.169.

고, 안보리에 제출됨으로써 공식화되었다.

　유엔은 이미 7월 7일 안전보장이사회에서 유엔군 사령부 설치에 대한 결의안 제84호를 채택하고, 한국에서 공산군과 싸우고 있는 유엔군을 지휘할 연합군 사령부를 발족했다. 유엔 결의안은 유엔 안전보장이사회를 대신해 한국에서 공산 침략군과 전쟁을 수행할 수 있는 권한을 미국 대통령 트루먼^{Harry S. Truman}에게 위임하고, 회원국들이 파견한 군대를 미군의 통일된 지휘체제하에 두기 위한 것이었다.

　미국 합참본부는 맥아더 장군을 유엔군 사령관으로 추천하고 7월 8일 대통령의 승인을 받아 공포했으며, 7월 10일 정식으로 유엔군 사령관 지시서^{指示書}를 발송했다. 유엔군 사령관에 임명된 맥아더 장군은 미국 극동군 사령부를 통해 유엔군의 작전통제권을 행사하다가 7월 24일 정식으로 유엔군 사령부를 설치했다. 한국군을 포함하여 한국전쟁에 참전한 모든 나라들의 군사력이 유엔군 사령관의 작전지휘체계하에 들어가게 된 것이다.

　이승만 대통령이 한국군의 작전지휘권을 맥아더 장군에게 이양하기로 결심한 것은 당시 한국군이 처한 절박한 상황과 더불어 미국이라는 나라와 맥아더 장군에 대한 이승만 대통령의 인식에 근거힌 것이었다. 우선 현실적으로 한국군은 스스로 작전을 할 수 없는

처지였다. 한국군은 보급 지원 면에서 전투를 수행할 수 있는 능력이 소진된 상태였기 때문이다.[5]

맥아더 장군은 미국의 군사 영웅으로 전쟁을 일단 시작한 이상 "승리 이외에 대안은 없다 there is no alternative to victory"는 투철한 전쟁관을 가진 인물이었다. 이승만 대통령은 맥아더 장군에게 전쟁을 승리로 이끌 수 있도록 하는 확실한 방안을 제공하고자 했다. 맥아더 장군이 승리를 거둔다는 것은 결국 한반도를 통일하는 것으로 귀결될 터였다.[6] 이승만 대통령이 작전지휘권을 맥아더 장군에게 이양한 것은 "승리 이외에는 대안이 없다"는 전쟁관을 가지고 있는 맥아더 장군에게 한국 전쟁의 궁극적 책임을 맡기는 조치였다.

2. 한국전쟁 이후의 작전통제권

1953년 7월 27일 휴전협정이 성립된 후, 1953년 10월 1일 한미상호방위조약이 체결되어 1954년 11월 17일부터 발효되기 시작했다. 한미동맹이 발효되는 날 체결된 한미합의의사록 제2항은 "유엔군

---

5   조성훈, 『한미군사관계의 형성과 발전』(서울: 국방부 군사편찬연구소, 2008), p.347.

6   당시 이승만 대통령과 한국군 간부들은 미국의 군사용어에 익숙하지 않아서 지휘권과 작전지휘권 등과 같은 군사용어 사용에 혼란이 있었다. 작전지휘권은 한국전쟁 이후 작전통제권이라는 용어로 바뀌었다.

사령부가 대한민국의 방위를 위한 책임을 부담하는 동안 대한민국 국군을 유엔군 사령부하에 둔다"고 명시했다. 한국전쟁 중 사용되었던 작전지휘권이라는 용어는 작전통제권^{Operational Control} 이라는 용어로 바뀌었다. 한국군 지휘관들이 보다 자유로운 지휘를 원했기 때문이다. 이후, 한국군에 대한 전시 및 평시작전통제권은 유엔군 사령부가 행사하게 되었다.

이 같은 체제는 20년 이상 지속되었지만, 1970년대 후반부터 유엔은 더 이상 한국 문제를 효과적으로 해결하기 어려운 기관으로 전락하고 말았다. 수많은 제3세계 국가들이 유엔에 진출했고, 유엔에서 한국 문제는 북한을 지지하는 안과 한국을 지지하는 안이 동시에 통과되는 어이없는 일도 발생할 정도였다.

그러던 와중에도 한국군은 상당 수준으로 성장했고, 주한미군은 점차 그 수가 줄어들게 되었다. 이처럼 변화한 군사안보 환경은 유엔군 사령부로부터 미군이 단독으로 작전통제를 할 수 있도록 하는 상황의 개선을 요구할 수 있도록 하는 배경이 되었다.

이 같은 상황에서 한미 양국은 유엔군 사령부를 대체할 안보기구를 구상하게 되는데 그 결과가 1978년 11월 7일 창설된 한미연합사령부였다. 한미연합사령부가 창설되는 날부터 한국전쟁 정전 이래 유엔군 사령부가 보유하고 있던 한국군에 대한 전시 및 평시작전통제권은 유엔군 사령부에서 한미연합사령부로 이관되었다.

1980년대 초반부터 한미 양국군은 역할 분담에 관한 논의를 본격적으로 시작했다. 1980년대 말 국제적 냉전의 종식 등 변화된 국제 안보 환경 속에서 미국 역시 한미동맹의 구조를 변화시켜야 할 필요성을 인식하고 있었다. 한미동맹이 성립될 당시와는 판이할 정도로 주한미군이 많이 감축되었고 한국군이 막강한 실력을 갖추게 되었기 때문에, 당연히 한미동맹 군사 관계의 지휘 구조도 이에 맞게 바꿀 필요가 있었다. 이리하여 노태우 정부는 평시작전통제권을 한국군으로 전환하기 위해 미국과 협의에 들어갔다. 게다가 미국은 1980년 광주항쟁 이후 한국에서 고조된 반미주의로 인해 한국의 국내 문제에 주한미군이 개입하는 것처럼 보이기를 꺼려했다. 이 같은 이유들로 미국은 평시작전통제권을 한국군에게 이양하기로 결심한다.[7]

한미 양국은 여러 차례 회합을 가진 후, 1994년 12월 1일부로 평시작전통제권을 한미연합사로부터 한국군의 합동참모본부로 전환하기로 약속했다. 평시작전통제권이 한국군으로 환수되는 날 김영삼 대통령은 "이는 자주국방의 새로운 전기로서 제2의 창군이

---

7 1990년 4월 작성된 미국의 EASI(동아시아 전략구상) 보고서에는 미국이 1993년~1995년 사이에 평시작전통제권을 한국군에게 이양한다는 계획을 세웠고, 1990년대 후반 연합사 해체를 검토한다는 내용이 포함되어 있다.

라고 평가한다"고 말했다. 주한미군에 대한 평시작전통제권은 주
한미군 사령부로 이관되었고, 전시작전통제권은 한미연합사 사령
관이 행사하도록 된 것이다.

3. 노무현 정부의 전시작전통제권 환수

이미 노태우 대통령 시절부터 자주국방이라는 맥락 아래 전시작전
통제권 환수에 관한 논의가 있었다. 1991년, 노태우 대통령은《서울
신문》창간 46돌 특별회견에서 "오는 1995년까지는 평시작전권을
한국군이 넘겨받고 2000년까지는 평·전시의 작전지휘권 모두를
한국군이 이양받는다는 것이 큰 방향"이라고 밝힌 바 있었다.

그러나 전시작전통제권 환수에 관한 본격적인 논의가 시작되
고 실제적으로 전시작전통제권 환수를 확약받은 것은 노무현 정부
이다. 우선 노무현 정권 당시 이루어진 전시작전통제권 환수 노력
을 서술한 다음, 그러한 노력의 근거가 무엇인지에 대해 논하겠다.[8]

노무현 정부는 출범 이전부터 전시작전통제권을 환수하겠다
는 계획을 세우고 있었지만, 이를 공개적으로 언급한 것은 2005년
10월 1일 국군의 날 기념사에서였다. 노무현 대통령은 계룡대에서

---

[8] 노무현 정부가 전시작전통제권을 환수해야 한다는 근거로 내세운 논리들은 제**III**절에서 비판적
으로 검토할 것이다.

열린 제57주년 국군의 날 기념식에서 "나는 그동안 자주국방을 강조해왔습니다. 이것은 자주독립국가가 갖추어야 할 너무도 당연하고 기본적인 일이기 때문"이라고 전제한 후 "전시작전통제권 행사를 통해 스스로 한반도 안보를 책임지는 명실상부한 자주군대로 거듭날 것"이라며 전시작전통제권 환수에 관한 강한 신념을 밝혔다.

이에 따라 2005년 10월 21일, 윤광웅 국방장관과 도널드 럼스펠드Donald Rumsfeld 미 국방장관은 한국 국방부 청사에서 열린 제37차 한미연례안보협의회의SCM에서 지휘관계와 전시작전통제권에 대한 협의를 "적절히 가속화한다appropriately accelerate"는 내용을 포함하는 13개 항의 공동성명을 채택했다. 2005년 10월 28일, 한국 정부 고위 당국자는 전시작전통제권 환수 관련 일정을 처음으로 공식적으로 밝혔다. "군은 2003년 하반기부터 전시작전통제권 환수와 관련한 일정을 검토해왔으며, 2015년 이전에 전시작전통제권을 환수하겠다는 계획을 세웠다"며 "이 같은 계획이 이미 미국 측에 전달된 것으로 알고 있다"고 말했다.

2006년 1월 25일 오전, 노무현 대통령은 청와대 춘추관에서 내외신 신년 기자회견을 갖고, "올해 안에 한미동맹의 장래에 관한 공동 연구와 한국군의 전시작통권 환수 문제를 매듭지을 수 있도록 미국과 긴밀히 협의해나갈 것"이라고 말했다. 2006년 8월 4일, 《워싱턴

타임스^{Washington Times}》인터넷 판은 미국 국방부 관리들의 말을 인용, 미국 국방부가 3년 안에 한국에 전시작전통제권을 넘길 계획이라고 보도했고, 2006년 8월 25일 부시 대통령은 한국의 전시작전통제권 환수와 관련해 도널드 럼스펠드 국방장관과 버웰 벨^{Burwell Bell} 주한미군사령관에게 "한국은 전시작통권을 행사할 능력이 있고, 한국이 원하는 대로 최대한 지원해주라"고 지시한 것으로 전해졌다.

2006년 9월 14일 한미 양국 대통령은 앞으로 전시작전통제권을 한국군이 단독행사한다는 데 합의했고, 2007년 2월 23일 한국의 김장수 국방장관과 미국의 로버트 게이츠^{Robert Gates} 국방장관은 2012년 4월 17일자로 한미연합사를 해체하고 전시작전통제권은 한국군이 단독행사한다는 데 합의했다. 노무현 정부는 자신이 원하던 목표를 달성한 것이다.

4. 이명박 정부의 전시작전통제권 환수 시기 연기

노무현 정권의 전시작전통제권 환수는 거국적인 반대에 직면한 상황에서 이루어진 것이었기 때문에, 전시작전통제권 환수에 관한 합의가 이루어진 이후 저항운동은 더욱 거세지기 시작했다. 재향군인회와 전직 군 간부들을 중심으로 한 반대운동은 결국 국민 1,000만 명 서명운동으로 이어졌다. 거국적인 반대에도 불구하고 노무현 정부를 이은 이명박 정부 역시 전시작전통제권 환수를 원칙으로 삼고 있었다.

2009년 10월 22일, 김태영 국방장관과 로버트 게이츠 미 국방장관은 서울에서 열린 한미안보협의회^{SCM}를 끝낸 뒤 "2012년 4월 17일 전시작전통제권 전환과 관련된 사안에 대해서도 의견을 나눴다. 양국은 심혈을 기울여 전시작전통제권 전환이 순조롭게 이행되도록 할 것이다"라고 발표했다.

그러나 1,000만 명의 국민이 전시작전통제권 환수를 반대하고 노무현 정부의 전시작전통제권 환수가 자주국방 이외의 다른 이유 때문이라는 의구심이 증폭되는 상황에서 이명박 대통령은 전시작전통제권 환수 문제를 다시 논의하기 시작했다. 특히 2009년 북한이 장거리 로켓을 발사하고 제2차 핵실험을 감행한 데 이어 2010년 3월 26일 천안함을 어뢰로 공격해 침몰시키는 사건이 발생하는 등 한반도 안보 상황이 급속히 악화되어 전시작전통제권 환수에 대한 논의를 재개하지 않을 수 없는 상황에 처하게 되었다. 이같이 한반도 안보 상황이 악화되고 있던 2010년 6월 27일, 이명박 대통령과 미국 오바마$^{Barak\ Obama}$ 대통령은 전시작전통제권 환수 시기를 3년 7

개월 연기하여 2015년 12월 1일에 시행하기로 합의했다.[9]

현재 2015년 12월 1일 해체될 한미연합사령부를 대체할 한미 양국 간 군사기구 및 한국군이 전시작전통제권을 단독행사하기 위한 준비가 얼마나 잘 이루어지고 있는지에 대해 논란이 많다. 일부 안보전문가들 사이에서 한미연합사 해체 및 전시작전통제권 반환 시기를 재조정해야 한다는 주장이 나오고 있는 상황이지만 일단 2015년 12월 1일을 기점으로 하는 계획이 진행 중이다.

---

9 대신 재연기는 없는 것으로 했다. 양국 대통령은 전시작전통제권 전환 시기 조정에 맞춰 필요한 실무 작업을 진행하도록 양국 국방장관에게 지시하기로 했다.

Ⅲ. 전시작전통제권 환수를 주장하는 세력들의 논리: 비판적 분석

1. 전시작전통제권 환수 과정상의 문제

북한을 비롯해 대한민국의 종북·반미 세력들은 대한민국이 전시작전통제권을 조속히 환수해야 한다고 주장하고 이를 위해 노력해왔다. 이들의 최종 목적은 물론 전시작전통제권을 단순히 한국군이 단독으로 행사하는 데서 끝나는 것이 아니다. 이들은 전시작전통제권을 한국군이 단독으로 행사하는 것은 주한미군이 한국에서 철수하게 만들고, 한국에서 전쟁이 다시 발발할 경우에 미국이 다시 개입하기 어려운 상황을 만들기 위한 것이며, 궁극적으로 한미동맹을 파기하기 위해 필요한 과정으로 보고 있다. 그렇기 때문에 전시작전통제권 환수 세력의 궁극적 목표를 잘 알고 있는 대한민국 국가안보를 우려하는 세력들은 이들의 주장에 반대하고 이들의 목표가 이루어지지 못하도록 여러 가지 노력을 아끼지 않았다. 종북 세력의 목표가 순수한 한국군의 독립성 달성에 있기보다는 궁극적으로 한미동맹을 파기하는 데 있음이 분명하기 때문이다.

전시작전통제권 환수를 위한 노력은 주한미군의 주둔과 그 역사가 같을 정도로 오래되기는 했지만, 정부 차원에서 본격적으로 환수하려고 노력한 것은 2003년 집권한 노무현 정부였다. 그러나 노무현 정부의 전시작전통제권 환수 과정이 평탄하게 이루어진 것은 아니었다. 한국 내 안보를 걱정하는 세력은 물론 미국조차도 노무현 정부의 전시작전통제권 환수 노력을 순수한 자주국방 노력이라고 보지 않았다.

이것은 오히려 반미주의 이데올로기로 충만한 세력들이 추진하는 일이라고 생각되었다. 사실 노무현 정권의 출범은 미군 작전 중 실수로 벌어진 두 여중생 사망 사건을 "미국이 탱크로 한국 여학생들을 깔아 죽였다"고 왜곡한 선동에 힘입은 바 크다. 과실치사를 의도적 살인으로 몰아간 이들의 배후 세력은 북한과 북한을 추종하는 종북·반미·좌익 세력이었다.

이들은 맥아더가 전시작전통제권을 강제로 빼앗아가고 분단을 고착화하고 선생을 주도한 인물이라고 주장하면서 맥아더 동상 철거에 앞장섰던 세력이기도 하다. 이들의 주력은 한반도의 모든 불행은 미국 탓이라고 주장하는 반미주의자들이다.

미국 정부 역시 노무현 정부와 각을 세우고 있었다. 2001년 9월 11일 테러 공격을 당한 이후 미국은 북한을 테러리즘을 지원하는 배후 세력으로 인식하고 강경한 대북정책을 시행하고 있었는데, 한국 정부가 북한을 동족이라며 끼고 도는 놀라운 상황이 연출된 것이다. 한미동맹은 북한을 '공통의 적'이라고 가정하고 출발한 것이었고, 공통의 적에 대한 인식이 확고할 때만 동맹이 양호하게 지속될 수 있는 것이다. 9·11테러 이후 미국은 북한을 적국이라고 생각하고 있는 반면, 한국 정부는 북한을 적이 아니라고 말하는 상황이 되었으니 한미동맹 관계가 정상적으로 유지될 수 없는 상황이었다. 노무현 정부의 전시작전통제권 환수 요구는 당연히 미국의 격렬한 부정적 반응을 불러일으켰다.

노무현 정부가 전시작전통제권 이야기를 꺼내자, 미국은 마치 기다렸다는 듯이 반응했다.[10] 당시 미국 부시 행정부의 럼스펠드 국방장관은 노무현의 대통령 당선을 계기로 한미 관계가 재정립될 것이라고 예측했는데, 한국 측이 먼저 재정립을 요구해왔다고 밝혔다. 한국 측의 전시작전통제권 환수 요구에 대해서도 미국은 한국이 요구한 시간보다 더 빨리 전시작전통제권을 환수해가도 좋다고 말할 정도였다.[11] 전시작전통제권을 돌려 달라던 한국 측이 오히려

---

10 《한겨레신문》 2006년 3월 24일자 보도. 도널드 럼스펠드 미 국방장관은 전시작전통제권의 한국군 이양에 대해 "한국전쟁이 끝난 지 55년이 지났고, 한국군이 점점 더 많은 책임을 떠맡는 것은 합리적이다. 우리가 합의한 것(전시작전통제권 이양)은 바람직하다." 다만 "아직 시간표가 정해진 것은 아니다"라고 밝혔다. 그는 또 "한국군이 더 많은 책임을 떠맡을수록 미국은 (한국 주둔) 병력을 줄일 수 있다"며, 작전권 이양이 주한미군 감축으로 이어질 수 있다고 밝혔다.

11 *Wall Street Journal*, 2011년 2월 8일자. 당일 간행된 럼스펠드 장관의 회고록 내용을 소개하는 보도. Donald Rumsfeld, Known and Unknown(New York: Sentinel, 2011).

당황할 수밖에 없었다.

한미 양국 정부가 전시작전통제권 환수 논의를 진행하는 동안 한국 내의 국가안보를 우려하는 세력들과 정치권 역시 전시작전통제권 환수 노력 그 자체를 격렬하게 비판했다. 2006년 9월 29일 대한민국 227개 사회단체는 '한미연합사령부 해체 반대 1천만인 서명운동 선포식'을 거행했다.[12] 당시 여론조사에 의하면 이미 국민의 3분의 2 정도(66.3%)가 전시작전통제권 단독행사에 반대하고 있었다. 또한 국민의 무려 71.3%가 전시작전통제권을 한국이 단독행사할 경우 우리나라의 안보 상황이 '불안해질 것'이라고 답했다.[13] '불안해지지 않을 것'이라고 대답한 사람들은 국민의 4분의 1(25.6%)에 불과했다. 결국 노무현 정부의 전시작전통제권 환수를 위한 노력은 국민의 의사를 거스르며 진행된 것이었다.

서명운동본부는 성명을 통해 "안보의 문제를 '주권'의 문제와

---

12 DailyNK, 2006년 9월 29일자 보도.

13 《조선일보》와 한국갤럽이 2006년 9월 11일 전국 성인 611명을 대상으로 실시한 전화여론조사에 따르면, 미국과 공동 행사하던 전시작전통제권을 한국군이 단독행사하겠다는 정부의 계획에 대해 '안보를 불안하게 하고 시기상조이기 때문에 반대한다'는 응답이 66.3%로 다수였다. '주권과 관련이 있고 자주국방 능력이 있기 때문에 찬성한다'는 응답은 29.4%에 그쳤고, '모름·무응답'은 4.3%였다. 또 전시작전통제권을 한국이 단독행사할 경우 우리나라의 안보 상황이 '불안해질 것'(71.3%)이라는 응답이 '불안해지지 않을 것'(25.6%)이라는 응답보다 훨씬 더 많았다. 이에 따라 '이번 정권에서 전시작전통제권 단독행사와 관련된 논의를 중단하고 다음 정권에서 논의해야 한다'는 의견에 대해서도 찬성(71.3%)이 반대(23%)를 크게 앞섰다.

결부시키는 것은 매우 부당하며 이는 국민을 심각한 안보 불안으로 몰아넣는 행위"라고 하면서 "전시작통권을 단독행사하고 한미연합사를 해체하는 날은 북핵과 미사일 문제가 해결된 이후이어야 한다"고 주장했다.

노무현 정권의 전시작전통제권 환수 노력이 막바지에 이른 2007년 1월, 박근혜 전 한나라당 대표는 "정부만 좌측통행하며 국민들보고 틀렸다"고 하고 있다고 비판하고 "전 세계가 우측통행을 하고 있는데 현 정부만 다른 길을 가면서 국가 경쟁력을 떨어뜨리고 있다. 이젠 퇴행의 역사를 끊어야 한다." "전시작전통제권 환수는 바보짓"이라며 노무현 정부의 전시작전통제권 환수 노력을 직접적으로 비난하기도 했다.[14] 이처럼 한국 국민들의 광범위한 반대 여론을 무시한 채 무리하게 강행한 노무현 정권의 전시작전통제권 환수의 근거는 논리적으로도 엉성하기 그지없는 것이었다. 이제 그것을 본격적으로 살펴보기로 하자.

2. 전시작전통제권 조기 환수를 주장하는 세력의 논리

전시작전통제권을 환수해와야 한다고 주장하는 세력들이 자신들

---

14 《조선일보》 2007년 1월 19일자.

의 본질적 목표를 은폐하기 위해 가장 흔히 사용하는 논리가 '자주 국방'이라는 것이다. 그리고 이들은 전시작전통제권을 2012년 4월 17일 환수받기로 미국과 약속했을 때 이를 마치 민족적 자존과 독립을 향한 쾌거快擧처럼 자부했다.

(1) 자주국방과 민족자존의 논리

자주국방을 반대하는 대한민국 국민은 없다. 그러나 자주국방이라는 개념은 말은 그럴듯하지만 국제정치적으로 불가능한 개념이다. 미국과 같은 막강한 국가조차 자주국방이 가능하지 않기 때문에 전 세계 각국과 군사동맹을 체결하고, 다른 나라와 협력하고 있는 것이다. 우리나라 역대 정부에서 자주국방을 주창하지 않은 정부는 없었다. 특히 박정희 대통령은 자주국방을 구호로 삼아 대한민국의 국방력 강화에 현실적인 노력을 기울였다.[15] 그러나 노무현 정부를 제외한 역대 어느 정권도 자주국방을 반미주의 이데올로기와 결부시키지는 않았다.

　박정희 대통령을 직접 보좌했던 김정렴 비서실장은 박 대통령의 자주국방 노력을 회고하며 "자주국방이라 해서 자기 나라 혼자

---

15 현재 국방부 청사에 크게 붙어 있는 '자주국방'이라는 휘호는 박정희 대통령의 글이다.

국방을 하는 나라는 없습니다. 어느 나라나 뜻과 이해가 맞고 역사적 관련이 있으면 동맹이나 연합을 만들어 함께 국방을 하는 거지요. 북대서양조약기구^{NATO}만 봐도 영국, 프랑스 등이 강대국인데도 작전통제권을 NATO 사령관에게 주잖아요. 한국의 경우 나토에 비추어봐도(전시작전통제권이 미군 사령관에게 있는 것이) 하나도 주권이 상하거나 그런 게 아니에요"[16] 라고 말하고 있다.

북한은 한국군은 전시작전통제권도 없는 나라이기 때문에 한국과는 대화를 할 필요가 없고, 자신들은 미국과 직접 협상해야 한다는 논리를 펼쳐왔다. 그렇다면 북한의 논리를 무조건 추종하고 있는 한국의 종북주의자들이 전시작전통제권 환수를 위해 노력하는 것은 논리적 자가당착이 아닐 수 없다. 전시작전통제권 환수를 주장하는 노무현 정부의 관리들은 전시작전통제권이 한국군에 환수된 이후에도 미국은 한국을 지원할 것이라고 말한다. 그렇다면 한국이 전시작전통제권을 돌려받은 후 전쟁이 발발할 경우 미군은 한국군의 작전 통제를 받을 것이라는 말인가? 그렇다면 한국군이 미군을 지휘하는 상황이 되는데[17] 그렇게 된다면 북한이 주장하는

---

[16] 《중앙일보》 2006년 8월 16일자. 괄호 속의 글은 필자가 이해를 위해 삽입한 것임.

[17] 전시작전통제권 환수를 주장하는 노무현 정부의 관리들은 향후에도 한미동맹이 잘 유지될 것이며 한국안보를 위해 미국은 지속적으로 기여할 것이라고 말했다. 그렇다면 전시 미국이 한국군의 작전 통제를 받게 된다는 말인데, 이는 미국의 군사 전통을 완전히 무시하는 것이 아닐 수 없다.

'한국군은 미국의 괴뢰군'이라는 주장은 더 이상 통할 수 없게 될 것이 아닌가?

국가의 생과 사를 다루는 것이 국가안보이다. 국가가 살고 죽는 것은 국가의 명예보다도 더 중요하다. 그래서 국가들은 국가의 자주 독립 및 존엄성이 약간 손상되더라도 더 중요한 국가안보를 위해 다른 가치들을 희생하기도 하는 것이다.

(2) 한국은 대통령이 군 통수권도 없는 나라라는 논리

전시작전통제권의 조속한 환수를 주장하는 사람들은 "한국 대통령은 군 통수권도 없다"며 스스로를 비하하고, 그렇기 때문에 전시작전통제권을 돌려받아야 한다고 주장한다. 이들의 비전문성을 이처럼 분명히 나타내주는 말도 없다. 작전통제권(전시 및 평시)은 군 통수권의 하위 개념이다.

노무현 대통령은 국군통수권의 일부인 군령권에 해당하는 군 작전통제권의 문제를 '주권을 되찾아오는 것'이라고 생각했다. 또 전시작전통제권 환수는 국군통수권에 관한 비정상적 헌법 상태를 바로잡는 일이라고 말함으로써 전시작전통제권 문제를 헌법상의 주권 문제나 통치권 문제로 호도, 비약해 국민을 혼란스럽게 만들었다. 주권이니 국군통수권의 개념을 잘못 이해한 것이기나, 혹은 정치적 목적으로 그 의미를 왜곡한 것이다. 6·25전쟁 초기 이승만 대통령이 작전지휘권을 이양한 것에 대해 어느 헌법학자도 이를 대한민국 주권의 포기나 이양으로 보지 않았다.

국군통수권은 국가안보나 국토방위를 위한 국군의 최고지휘권을 의미하는 말이며, 대한민국의 국군통수권은 군 작전을 지휘·명령·통솔하는 군령권과 군 조직을 유지·관리하는 군정권 등 두 가지 권한으로 구성되는 국군을 통솔·관할하는 대통령의 국군최고지휘 권한을 의미하는 것이다. 그러나 이와 같은 군정·군령권은 대통령이 직접 행사하지 아니하고 국방부 장관을 통해서 행사하는 것이 대한민국의 헌법 원리이다.

노 대통령이 2006년 8·15 경축사에서 국군통수권의 헌법정신을 운운하면서 이승만 대통령이 군작전통제권을 유엔에게 이양해 대통령의 국군통수권이 침해되거나 훼손된 듯 주장한 것은 통수라는 용어 때문에 국군통수권을 이른바 통치권, 또는 준통치권 정도로 곡해曲解한 소치이다.[18]

6·25전쟁 때 이승만 대통령이 작전지휘권을 유엔군 사령관에게 이양했던 것이고, 그 후 한미 양국의 합의를 통해 평시작전통제

---

18 재향군인회 인터넷 신문 《코나스(Konas)》에 2006년 8월 24일자 한나라당 장윤석 의원이 기고한 글 참조.

권은 대한민국 합참의장이 행사하는 것으로 바뀌었다. 다만 전시작전통제권은 양국의 군사력과 한반도의 긴장 상황 등을 감안해서 한미연합사 형태로 한국군과 미군이 공동으로 행사하고 있는 것이다.

대통령이 국제관계나 군사전략 등을 고려해 국군의 최고지휘권자, 즉 국군통수권자로서 구체적인 군작전권의 일부를 유엔군이나 미군 등 외국군과 공동으로 행사하도록 조치하는 것은 결코 대통령의 헌법상의 국군통수권을 포기하거나 이양하는 것이 아니다. 그럼에도 불구하고 노무현 정부는 국군통수권의 하위 개념인 군작전통제권 문제를 주권 내지 통치권 문제 또는 국군통수권 문제로 호도 또는 비약해 국민을 혼란스럽게 만들었다.

(3) 한국은 전시에 대통령이 국군을 지휘할 수도 없는 나라라는 주장

전시에 한국군 작전을 통제할 수 있는 권한을 주한미군 사령관이 행사할 수 있게 한 것이 현재 한미동맹의 연합작전 체제이다. 그렇게 약속한 것은 전쟁을 사전에 억지할[deter] 뿐 아니라 전쟁을 효과적으로 수행해서 승리하기 위해서이다. 평시작전통제권은 미군과 한국군이 각각 따로 가지고 있다. 보다 엄밀하게 말하면, 한국군의 평시작전통제권을 가지고 있는 것은 한국 대통령이 아니라 한국의 합참의장이다.

　　그런데 전시작전통제권을 조속히 환수해야 한다는 사람들은 "우리나라 '대통령'은 전시에 국군을 지휘할 수도 없다"고 스스로 비하하며 그렇게 주장하는 근거를 찾고 있다. 사실 한미연합사가 창설된 이래 '전시작전통제권'이라는 것이 행사된 적은 한 번도 없었다. 전쟁이 발발하지 않았고, 한반도가 전시상태가 된 적이 없었기 때문이다. 그래서 전시작전통제권 '환수'라는 말은 엄밀히 말해 맞는 말이 아니다. 전시작전통제권이란 미군 사령관이 행사한 적이 없으니 돌려받을 것도 없는 셈이다.

　　전시에 미군 사령관이 작전을 통제한다고 되어 있는데, 그렇다면 전시란 어떤 상태를 의미하는 것일까? 전시戰時라는 상황이 어떻게 법적으로 정의되어 있는지를 알게 되면 전시작전통제권 환수를 주장하는 사람들의 논리가 얼마나 허구에 가득 찬 것인지를 쉽게 알 수 있다.

　　한미연합사는 전쟁에 대비해 5단계의 데프콘DEFCON, Defense Readiness Condition (방어준비태세)을 상정하고 있다. 완전한 평화 상태에서 군의 대비태세를 '데프콘 5', 그리고 전면전이 진행되는 상황에서 군의 대비태세를 '데프콘 1'이라고 규정한다. 한반도의 경우 긴장 상황이 지속되고 있기 때문에 주한 미군은 평시에 '데프콘 4'를 유지하고 있다.

전쟁 발발 징후가 노골적으로 나타나고 긴장이 극도로 악화되는 경우 한미 양국군은 방어준비태세를 격상시켜 '데프콘 3' 또는 그 이상으로 올릴 수 있는데, 바로 '데프콘 3'부터를 전시라고 말한다. '데프콘 3'으로 대비상황이 격상되는 경우 한미 양국이 독자적으로 행사하던 평시작전통제권이 '전시작전통제권'으로 통합되고, 전시작전통제권은 연합사령관이 행사하게 되어 있다. 즉, 한미 양국군이 독립적으로 행사하던 평시작전통제권이 한미연합사 사령관이 행사하는 전시작전통제권으로 전환되기 위해서는 상황이 우선 '데프콘 3'으로 격상되어야 한다. 그런데 '데프콘 3'으로의 상황 격상은 한미연합사 사령관 마음대로 하는 것이 아니다. 한미 양국의 합참의장, 양국의 대통령이 모두 동의해야만 한다. 대통령 중 한 사람이라도 반대하면 상황은 격상되지 못한다. 즉, 한미 양국 대통령 중 한 사람이라도 격상에 동의하지 않으면 전시라는 법적 상황은 발생하지 않으며, 미군 장군이 전시작전통제권을 행사할 수 없는 것이다.

전시작전통제권은 사실 그것이 행사되는 일이 없도록 하기 위해 미군 장군이 행사하도록 한미 양국이 약속한 것이다. 북한이 감히 침략해올 엄두를 내지 못하게 하는 것, 즉 전쟁을 사전에 억지^{deter} 하는 것이 북한이 전쟁을 도발한 후 이들을 격퇴하고 국가를 방위^{defense}

하는 것보다 훨씬 더 중요하기 때문에 그렇게 결정했던 것이다.

만약 한국 대통령이 미군 사령관이 한국군 작전을 통제하는 모습이 보기 싫다면 '데프콘 3'으로의 방위태세 격상을 반대하면 될 일이다. '데프콘 3'으로의 방위태세 격상은 한미 양국의 합참의장, 양국의 대통령이 동의해야 하며, 양국 대통령 중 한 사람이라도 반대하면 이루어질 수 없다. 그러면 전시 상황이 될 수 없고 미군 장성이 한국군 작전을 통제할 일도 없다. 그런데 북한이 무력 공격을 가해오는 절박한 상황에서도 그렇게 할 것인가? 그런 대통령이라면 이미 한국 대통령이라고 말할 수도 없을 것이다.

Ⅳ. 전시작전통제권 한국군 단독행사와 한미연합사 해체가 초래할 안보 불안

1. 한국군은 스스로 북한을 억지할 수 있는 군사력을 갖출 수 있는가?

노무현 정부의 전시작전통제권 단독행사 결정은 수많은 대한민국 국민들로 하여금 국가안보에 대해 우려하지 않을 수 없도록 만들었다. 우선 한국군이 2012년 4월 17일까지 전쟁이 발발할 경우 작전 통제를 담당할 수 있는 충분한 군사력과 전략적 능력을 갖출 수 있을 것이냐에 대해 의문이 제기되었다. 한국군이 전시 작전을 통제하기 위해서 반드시 필요한 첨단장비를 마련할 천문학적인 돈은 있는지, 이를 운용할 수 있는 능력은 있는지 불투명한 상황이었기 때문이다.

노무현 정부는 2020년까지 6,000억 달러가 넘는 엄청난 돈을 국방에 투자할 것이라고 호언했지만, 전시작전통제권을 한국군이 단독행사하기로 약속한 이후에도 계획된 국방비가 제대로 지출되지는 못했다. 노무현 정부 당시 공개적으로 말할 수는 없었지만, 과연 한국군이 전시에 작전을 통제할 능력을 갖추고 있는지에 대해 회의적인 장교들이 많았다.

2. 미국은 전시작전통제권이 한국군으로 전환된 후에도 개입 약속을 지킬 것인가?

더욱 심각한 문제는 장차 한국군이 전시에 단독으로 작전을 통제하게 되었을 경우, 그리고 한반도에 전쟁이 다시 재발했을 경우, 과연 미국이 예전처럼 막강한 병력으로 대한민국을 지원할 것인지 의문이라는 점이다. 전시작전통제권을 한국군이 단독으로 행사하더라도 미국은 계속 한국을 지원할 것이라고 말하기는 했지만, 과연 작전 통제를 하지 않는 미군이 다른 나라를 구하기 위해 대규모 병력 파견 약속을 지킬지는 의문이 아닐 수 없다.[19] 필자는 한미연합사 부사령관을 역임한 후 미국 명문 플레처 대학원에서 국제정치학 박사 학위를 취득한 김재창 예비역 대장에게 "전시작전통제권이 한국군 단독행사로 전환된 이후, 만약 전쟁이 발발한다면 미군은 약속한 것처럼 한국을 지원할까요?"라고 질문한 적이 있다. 김재창 대장은 "어림없을 것"이라고 단호히 대답했다. 사실 이것은 상식적인 질문이다. 자신이 책임을 지지 않을 전쟁터에 미국 군사력의 거의 절반에 해당하는 대병력을 투입할 가능성은 없는 것이다.

---

[19] 미국은 한국에서 전쟁이 발발하면 항공기 2,000여 대, 군함160여 척, 그리고 69만 명에 이르는 병력을 한국에 증원전력으로 투입한다는 계획을 가지고 있다. 미군이 전쟁을 지휘하는 경우에는 이 약속을 이행하겠지만, 그렇지 않을 경우 미국이 비행기 2,000대, 병력 69만 명을 보내 반드시 한국을 지원할 것이라고 장담하기는 어렵다.

미국의 군사 전통을 아는 사람들은 누구라도 미국이 자국군을 통제하지 못할 전장에 개입하지 않을 것임을 잘 알고 있다. 거꾸로 생각해보라. 우리나라가 어떤 나라를 군사적으로 지원하기 위해 파병할 예정인데 우리의 지원을 받을 나라의 장군이 우리나라 군대를 지휘하겠다거나 혹은 우리 군대에게 보조적인 기능만 담당하라고 한다면, 우리나라가 어떻게 행동하게 될 것인지를.

한국에서 전쟁이 다시 발발할 경우 미국의 대규모 지원 병력이 한국에 파견되지 않을지도 모른다는 의심을 조금이라도 하게 된다면, 전시작전통제권을 한국군이 단독행사하겠다는 것은 사실상 주한미군 철수와 마찬가지로 국가안보를 위태롭게 하는 그야말로 심각한 사안이 아닐 수 없다. 미군이 개입한다는 보장이 없다면, 북한은 아마 지금이라도 무력 남침을 개시하려는 유혹을 받지 않을 수 없을 것이다.

가장 중요한 전쟁 원칙 중 하나가 지휘통제의 통일^{unity of command}이다. 자주를 위해 전시작전통제권을 '환수'해야 한다는 사람들은 미국이 비록 따로 작전을 하지만 그래도 계속 도와줄 것이라는 사실을 애써 강조한다. 미국 측 입장에서 생각해보라. 따로 작전하는 군대를 위해 적극 지원할 수 있을 것인지. 진정 전시작전통제권 문제를 자주의 문제, 주권의 문제라고 생각하는 사람들이라면 진쟁 발발

시 미국이 도와줄 것이니 걱정 말라고 말할 것이 아니라 우리 힘이 충분하니 걱정 말라고 말해야 할 것이다. 전쟁억지력을 현격히 낮추게 될 전시작전통제권 한국군 단독행사 주장은 우리의 힘이 더욱 커지고 북한의 위협이 훨씬 줄어든 시점에 시작해도 결코 늦지 않다.

3. 안보 불안이 지속되는 한반도

이처럼 전시작전통제권 한국군 단독행사와 한미연합사 해체는 대북 전쟁억지력을 급격히 약화시키는 국가안보상의 절박한 위험이 아닐 수 없다. 이처럼 국가안보상의 위기를 절절하게 인식한 대한민국 국민들은 예비역 장성들과 국가안보를 우려하는 지식인 세력이 주도한 전시작전통제권 단독행사 시기 연기를 탄원하는 1,000만 명 서명 운동에 동참하여 1,000만 명 서명이라는 놀라운 결과를 달성했다.[20]

전시작전통제권의 전환 조치를 이룬 노무현 정권이 임기를 마치고 물러난 후, 이명박 정부가 수립되었지만 전시작전통제권 단독행사를 연기하려는 정부의 움직임이 구체적이지는 않았다. 이명박

---

[20] 2007년부터 북한 핵 폐기 · 한미연합사 해체 반대 1,000만 명 서명운동을 벌여온 '북한 핵 폐기 · 한미연합사 해체 반대 1,000만 명 서명 추진본부'는 지난 3년 9개월 동안의 국민서명운동을 통해 1,000만 명 서명 목표를 달성했다고 밝혔다.(2010년 5월 19일)

정부 역시 궁극적으로 전시작전통제권은 한국군이 행사해야 할 것이라고 생각하고 있었기 때문이다.

그러나 대한민국 국군이 전시작전통제권을 단독행사할 수 있는 준비를 얼마나 잘 하고 있는지 알 수 없는[21] 불안정한 상황이 지속되었고, 그 와중에 북한은 대한민국을 향해 심각한 무력 도발을 단행했다. 2010년 3월 26일 북한의 소형 잠수함이 대한민국 해군의 천안함을 기습공격해 침몰시켰다. 이 대규모 도발로 대한민국 해군 병사 46명이 전사했다. 그런데 북한은 한국의 경고에도 불구하고 11월 23일 또다시 무력 도발을 감행했다. 북한의 연평도 포격 도발은 대한민국 민간인을 직접 표적으로 삼은 것이어서 충격은 더 컸다. 이렇게 2010년 한 해 동안 대한민국 국민 50명이 북한의 직접 공격으로 목숨을 잃었다. 한국 국민들은 대한민국 국가안보가 얼마나 취약한 기반 위에 놓여 있는지 다시금 절절하게 느끼지 않을 수 없었다. 또한 천안함 사건을 처리하는 과정에서 한국 국민은 미국의

---

21 과연 대한민국이 전쟁이 발발할 경우 스스로 작전을 담당할 수 있을 정도로 준비를 제대로 하고 있었느냐에 대해 '그렇다'라고 말하기 힘들다. 한국의 국방비 지출 자료를 가지고 분석할 경우, 한국은 세계에서 가장 평화로운 국가에 분류될 정도로 GDP 대비 국방비 지출 비율이 아주 낮은 나라 중 하나이다. 우리나라의 GDP 대비 국방비 지출비율은 2010년 2.8% 정도에 불과했디.

지원이 얼마나 필요한지를 다시 느꼈다.[22]

천안함 폭침 사건 후 한반도의 국제안보 상황이 급격히 악화된 2010년 6월, 한미 양국은 전시작전통제권의 한국군 단독행사 시기를 원래 약속보다 3년 7개월 정도 늦춘 2015년 12월 1일로 연기하기로 결정했다. 불행 중 다행한 일이기는 하지만, 아직도 전시작전통제권 전환 논란이 완전히 해소된 상태는 아니다.

---

[22] 천안함 피격 후 불안과 분노에 떠는 대한민국을 향해 중국이 보인 공격적·비협조적 태도를 보라. 중국은 애초부터 천안함 공격이 북한의 소행인지 알 수 없다며 북한을 두둔했고, 우리의 설명은 들으려 하지도 않았다. 한국이 설명을 들을 것을 강하게 요구하자, 중국은 "미국만 없었다면 (한국을) 이미 손 봤을 것"이라는 악담까지 했다. 중국이 얼떨결에 한 말이지만, 미국이 한국의 동맹국이 아니었다면 중국과 한국의 관계는 상상하기도 싫을 정도로 악화되어 있었을 것이다.

V. 소결론 및 우리의 대안

현재 한국군은 전시 작전 통제 능력을 갖추기 위해 열심히 노력하고 있는 중이다. 그럼에도 불구하고 한국군이 2015년에 완전한 준비태세를 갖추고 전시 작전을 통제할 수 있을지의 여부는 아직 불투명하다.

우선 2015년 12월 1일부터 그 구조가 대폭 바뀌게 될 한미동맹이 과연 이제까지 해왔던 것처럼 북한의 공격 야욕을 제대로 억지할 수 있을지 알 수 없다. 전쟁 발발 시 미군이 작전을 통제한다는 현재의 한미동맹 구조는 지난 수십 년 동안 북한의 전쟁 도발을 성공적으로 억지해온 증명된 안전장치임이 분명하다. 그러나 앞으로 대폭 바뀌게 될 한미동맹 구조가 전시작전통제권을 미군 장성이 행사하게 되어 있는 현재의 구조처럼 북한의 전쟁 도발 야욕을 확실하게 억지할 수 있을지는 알 수 없는 일이다. 그렇다면 우리는 지금 확실한 것(기왕의 한미연합사 체제)을 불확실한 것(미래 한국군이 전시 작전 통제를 담당하는 체제)으로 바꾸고 있는 것이 아닌가?

물론 아무리 확실한 안전장치라도 세월과 환경이 바뀌면 이에 따라 바뀌어야 하지 않느냐는 주장도 설득력이 없는 것은 아니다. 그러나 국가안보란 너무나 엄중한 것이기 때문에 그것이 비록 낡고 오래된 것이라 하더라도 검증된 안전장치라면 굳이 바꿔야 할 필요는 없는 것이다. 특히 안보 구조를 변화시키는 이유가 민족의 자존심이라든가, 반미주의 혹은 친북주의와 연관되어 있다면 이는 결코 용납할 수 없는 국가안보 위해危害 행위이다.

북한이 대남전략의 본질을 바꾸지 않고 핵무기까지 보유한 상태에서 2010년의 경우에서 보듯이 대남무력통일전략을 오히려 더욱 강화하고 있는 지금, 우리가 그동안 한반도에서 성공적으로 전쟁을 억지해온 한미안전보장체제를 바꾸어야만 하느냐는 문제를 제기하지 않을 수 없다.

북한과 대한민국의 종북·반미 세력이 줄기차게 주한미군 철수를 요구하는 이유가 북한에게 필요할 경우 대한민국을 무력 공격할 수 있는 기회를 마련해주기 위한 것이라는 사실은 더 이상 설명할 필요가 없다. 종북 좌파 세력이 주한미군 철수를 그토록 외쳐대는 것은 주한미군과 한미동맹이 존재하는 한, 대남무력적화통일은 불가능하다는 사실을 스스로 잘 알고 있기 때문이다.

물론 북한과 대한민국의 종북 좌파 세력은 자신들은 민족주의자들이며 미군이 주둔하는 것은 민족의 자존에 어긋나는 일이기 때문에 주한미군 철수를 강력히 요구하는 것이라고 주장한다. 그렇다면 이들은 만약 주한미군이 철수할 경우, 대한민국이 북진 통일을 해서 한반도 전체를 자유민주통일국가로 만들 가능성이 높은 상황이라 해도 미군 철수를 강력히 주장할까? 주한미군이 철수할 경우, 대한민국 국군이 북으로 밀고 올라가서 북한의 독재정권을 축출할 가능성이 조금이라도 있다고 생각한다면 그들은 결코 주한미군 철수를 요구하지 않을 것이다.

사실 우리는 존재하지도 않는 문제를 가지고 싸워왔다. 지금은 평시이고 평시에는 한국군과 미군이 각각 자국 군대의 작전을 통제하다가, 전시가 되면 작전통제권을 한미연합사 사령관이 행사하게 된다. 한국전쟁 이후 전쟁이 발발한 적이 없기 때문에 미국 측이 전시작전통제권을 행사한 적이 없다. 앞에서도 여러 번 강조했듯이 이것이 미국 측이 전시작전통제권 '환수'라는 말 자체가 옳은 말이 아니라고 항변하는 이유이다.

그렇다면 왜 한국은 전쟁이 발발할 경우 미군이 작전을 지휘하도록 했는가? 이를 알기 위해서는 전쟁과 평화에 관한 중요한 개념인 방위defense와 억제deterrence의 차이점을 이해해야 한다. 현재 한국군은 이론적으로 북한의 공격을 궁극적으로 방어defend할 수 있는 수준은 된다고 볼 수 있다. 전쟁을 수행할 수 있는 제반 국력에서 한국이 북한을 훨씬 앞서고 있기 때문이다. 그런데 한국과 같은 협소한 지역에서 6·25전쟁과 같은 전쟁이 다시 발발하면 그것은 전쟁의 승

패와 관계없이 남북한 모두의 공멸共滅을 의미한다. 그래서 한반도에서는 결코 전쟁이 일어나면 안 된다.

전쟁이 아예 발발할 수도 없게 하는 것이 억제전략^{strategy of deterrence}이다. 억제란 심리적 과정이다. 전쟁이란 대개 분노한 상황에서 발생하기 마련이며, 한번 해볼 만하다는 마음이 조금이라도 있을 경우 전쟁이 발발할 가능성은 더욱 높아진다.

북한은 한국전쟁 이래 계속 어려운 상황에 처해 있었다. 믿을 것이라고는 군사력밖에 없는 상황이었다. 그런데도 불구하고 한국전쟁 이후 50년 이상 북한이 전쟁 도발을 감행하지 못한 이유는 한미동맹의 군사력이 북한에 비해 너무나도 막강했기 때문이다. 특히 전쟁이 발발할 경우 전시작전통제권을 미군 사령관이 행사하게 되어 있는 한미동맹 구조는 북한으로 하여금 '미국과 전쟁할 것을 각오하지 않는 한' 혹은 '자살까지 각오해야 할 이판사판이 아닌 한' 도저히 한국을 도발할 엄두를 낼 수 없게 했던 것이다. 이처럼 이제껏 유지되어온 한미동맹 체제는 거의 완벽한 안전장치였다. 그런데 갑자기 이 체제를 바꾸겠다고 했다. 비록 그 시기가 연기되기는 했지만 말이다.

2015년 12월 1일이 다가오고 있으며 대한민국 국군은 이에 대비한 준비를 진행하고 있을 것이다. 잘 할 수 있을 것이라 믿지만 한편 불안한 마음을 숨길 수 없다. 전쟁은 싸워 이기는 것보다 사전에 억지하는 것이 더 중요하다고 계속 강조했는데, 과연 미군이 작전을 통제하지 않고 한국군이 단독으로 작전을 통제하는 경우에도 북한의 도발 야욕을 '억제'할 수 있을지는 알 수 없는 일이다. 그렇다면 한국군이 얼마나 강해져야 북한의 도발을 억제할 수 있을까? 이질문에 대해 분명한 대답을 할 자신이 없다면 현재 유지되고 있는한미연합사 체제를 더 지속하는 것이 가장 안전한 방법이다. 이미한미 간에 더 이상 연기는 없다고 약속했다지만, 국제 정치의 상황은 항상 변하기 마련이다.

이제 북한은 종말이 가까워지고 있다. 종말을 맞이할 독재자가 단말마적인 도발을 할 것이라고 생각하고 이에 대비하는 것이 현명한 일이다. 북한의 종말을 앞당기는 작전과 더불어 전시작전통제권 환수 시기를 '북한의 도발 위협이 소멸되는 시점'으로 연기하려는 노력이 필요하다. 북한의 도발 위협이 소멸되는 시점은 4월 17일, 12월 1일 등 의미 없는 날짜가 아니라 전문가들이 다시 판단하여 설정하는 것이 한반도의 평화와 안보를 위해 보다 바람직할 것이다.

제4장
북한의 평화체제 주장과 문제점

윤덕민

KOREAN NATIONAL
SECURITY IN CRISIS

Ⅰ. 문제의 제기

1950년 6월 25일 북한 공산군의 침공에 의해 시작된 6·25전쟁은 1953년 7월 27일 정전될 때까지 200만 이상의 사상자를 내면서 한반도 전역을 초토화했다. 6·25전쟁은 초기 남북 간의 분쟁에 유엔군의 참전과 중소의 개입으로 국제 분쟁의 전형이 되었다. 따라서 6·25전쟁은 남북 간 내전의 성격과 20개국 이상이 참전한 국제 분쟁의 성격을 동시에 갖고 있다. 1953년 맺어진 정전협정은 약 반세기 동안 지구상에서 가장 중무장한 대치 지역인 한반도에서 전쟁 재발을 막는 유일한 협정으로 기능해왔다.

북한은 평화협정 문제와 관련된 입장을 계속 바꿔왔다. 정전 이래 남한과의 동등한 지위 확보를 위한 '동등성 원칙'에 입각한 남북평화협정을 제의하다가, 1970년대 중반 베트남 패망 직후 파리 평화회담 형식의 미북평화협정과 3자 대화를 주장하기 시작했다. 1990년대 초반 이후 북핵 문제가 불거지는 가운데, 북한은 새로운 평화보장체계를 주장하고 비핵화의 대가로서 미북평화협정을 주장하고 있다.

제4장에서 필자는 북한의 평화협정 관련 제의를 검토하고 북한 입장의 문제점을 평가하고자 한다.

Ⅱ. 북한의 평화협정 관련 주장 변화 과정

한반도 평화체제 문제는 북한의 입장과 관련해 6·25전쟁 이래 다음과 같이 5단계를 거치면서 변화해왔다.

1. 제1단계: 남북 동등성 원칙의 추구(1954~1960)

6·25전쟁에서 괴멸적인 타격을 입은 북한 정권은 1954년 4월에 열린 한국전쟁 처리를 둘러싼 제네바 회의에서 '2개의 조선'을 합법화하고 국가로서의 지위를 국제적으로 승인받기 위해 한반도 평화 문제와 관련해 이른바 '남북 동등성 원칙'을 추구했다.

제네바 정치회담에서 북한의 남일 외무상은 1954년 6월 15일 최종 회담 연설을 통해 "만약 미국과 남조선 및 그들을 지지하는 다른 나라들이 진실로 조선의 평화 유지를 갈망한다면 제네바 회의는 조선에서의 평화 상태 공고화와 우리나라에서 정전 상태로부터 공고한 평화로의 점차적 이행을 보장할 수 있는 해당 결정들을 채택할 수 있을 것이다"라고 주장하며 "조선민주주의인민공화국 대표단은 외국 군대의 철거와 남북조선의 군대 축소에 관련된 모든 대책을 감독하기 위한 위원회를 조직하는 것이 적당하다고 생각한다"고 밝혔다.

또한 이 위원회는 전쟁상태를 점차적으로 퇴치하여 남북조선의 군대를 평화상태로 전환시키며 조선민주주의인민공화국 정부는 대한민국 정부에 해당 협정을 체결할 것을 제의하는 것과 관련된 문제들을 취급할 수 있다"고 제의했다. 그런데 북한은 남북한 간의 평화협정 체결을 위한 협상을 제안하면서 "조선에 외국 군대가 계속 주둔하고 있는 조건에서는 긴장상태의 완화와 정전으로부터 공고한 평화로의 이행을 달성하기 곤란하다고 인정한다"[1]며 "그렇기 때문에 우리는 본 회의가 일정한 기한 내에 비례의 원칙에 의하여 분기별로 전 조선 지역으로부터 또는 모든 외국 군대를 철거시킬 것을 해당 국가 정부들에 권고할 것을 제의하고, 남북조선의 현존하는 조선 군대를 최소한도로 축소시키는 것은 조선에서 정전으로부터 평화로 이행함에 있어서 주요한 대책이 될 것"이라고 주장했다. 이는 남북한 간의 평화협정 체결 협상이 단순히 정전체제로부터 평화체제로의 전환을 의미하는 것이 아니라 주한미군 철수를 전제로 한다는 점을 분명히 보여주는 것이다. 보다 구체적으로 북한은 한반도의 평화를 위한 방안 여섯 가지를 서면으로 제네바 정치회의에

---

1 "제네바 회의 최종 회담에서 한 남일 외무상의 연설(1954년 6월 15일)", 이한 엮음, 『북한의 통일정책 변천사』(서울: 온누리, 1989), pp.70-71.

제출했다.[2]

북한은 제네바 회의에서 남북한에 의한 '전全조선위원회' 구성을 통한 해결을 주장한 이래, 1954년 10월 남북정치협상안, 1955년 3월 남북상호감군과 불가침협정체결안, 1956년 4월 관계제국회의안, 1957년 9월 및 1958월 2월 상호감군과 남북교류 및 관계제국 회의안을 각각 제안한 바 있다.

6·25전쟁 이후 1950년대에 전후 복구가 최우선 과제였던 북한 정권은 한반도 평화체제 문제나 통일 문제에 적극적일 수 없었으며 선전적 차원에 머무를 수밖에 없는 실정이었다. 한국에 비해 국제적 지위가 현저히 낮은 상황에서 북한은 한반도 문제에 있어서 탈脫

---

2 "조선에서 평화조건을 보장할 데 대하여(1954년 6월 15일)"에서 제시한 6개항은 다음과 같다. 첫째, 비례적 원칙을 준수하면서 가능한 한 짧은 기간 내에 조선 지역(한반도 전체)으로부터 모든 외국 무력을 철거하기 위하여 대책을 취할 것을 해당 국가 정부들에 권고할 것. 조선으로부터 외국 군대를 철거할 기한은 제네바 회의 참가국들 간에 합의에 의하여 결정할 것. 둘째, 1년 기한 내로 조선민주주의인민공화국과 대한민국의 군대 수효를 축소시키되 각 측 군대의 수효 10만 명을 넘지 않게 할 것. 셋째, 전쟁상태를 점차적으로 퇴치하기 위한 조건들을 조성하여 쌍방의 군대를 평화상태로 전환시킬 데 대한 문제를 심의하여 조선민주주의인민공화국 정부와 대한민국 정부에 해당한 협정을 체결할 것을 제의하기 위하여 조선민주주의인민공화국과 대한민국 대표들로 위원회를 구성할 것. 넷째, 남북조선을 물론하고 다른 국가들과의 사이에 군사적 의무와 관련되어 있는 조약들이 존재하는 것은 조선의 평화적 통일의 이익과 양립될 수 없음을 인정할 것. 다섯째, 남북조선을 접근시키기 위한 조건들을 조성할 목적으로 조선민주주의인민공화국과 대한민국 간의 경제 및 문화 교류, 즉 통상, 재정, 회계, 운수, 경계선 관계, 주민의 통행 및 서신의 자유, 과학 문화 교류 및 기타 관계를 설정하며 그것을 발전시키기 위한 합의된 대책들을 강구·실시하기 위한 '전 조선위원회'를 구성할 것. 여섯째, 조선의 평화적 발전을 제네바 회의 참가국들이 보장하며 그리함으로써 조선을 단일한 독립적 민주주의적 국가로 평화적으로 통일하는 과업을 급속히 해결함으로써 도움을 줄 수 있는 조건들을 조성할 필요성을 인정할 것 등이다.

유엔화를 추구하는 한편, 한국과 동등한 지위를 확보하는 것이 일차적 과제였다고 볼 수 있다.

2. 제2단계: 남북평화협정 체결(1962~1974)

한국에서의 4·19학생혁명과 5·16군사혁명을 전기로 하여, 북한 정권은 1960년대부터 1970년대 초까지 '남북평화협정' 체결을 주장한다. 김일성은 1962년 10월 최고인민회의 제3기 1차 회의에서 주한미군 철수를 조건으로 '남북평화협정' 체결을 제의했다. 김일성은 이 연설에서 남북한 군을 각각 10만 이하로 축소할 것을 제의하기도 했다.

1960년대 초 북한이 '남북평화협정'을 제의한 것은 명백히 4·19, 5·16 등 한국 내의 사태에 유의한 제안이었다고 볼 수 있다. 1961년 9월 북한 노동당 제4차 전당대회에서 김일성은 남한에 마르크스 레닌주의를 지도원칙으로 하는 혁명정당을 조직해 광범한 '반미민족해방전선'을 결성하기 위한 투쟁을 전개할 필요성을 역설하며 3단계 통일 방안을 제시한 바 있다. 1단계는 통일전선의 압력으로 주한미군을 철수시키는 것이며, 2단계는 남조선의 '애국적 민주 세력'이 남조선의 권력을 장악하는 것이고, 3단계는 '남쪽의 애국적 민주 세력'과 '북한의 애국직 사회주의 세력' 간의 교섭을

통해 조선의 평화적 통일을 달성한다는 것이다.[3] 이러한 해방노선
에는 4·19, 5·16 등의 사태에서 볼 수 있듯이 남한 내 '반미 세력'이
대두되고 있다는 판단이 작용했으며, 결국 '남북평화협정' 제의는
3단계 '남조선 해방 노선'에 입각한 것이었다고 볼 수 있다.

그러나 한국의 박정희 정부가 반공적 색채를 강화하는 가운데,
북한은 1960년대 중반 이후 군사력에 의한 남조선 해방 노선으로
전환하게 된다. 이후 남북평화협정 체결 제의는 무력통일의 최대
걸림돌인 주한미군의 철수에 초점을 둔 것이라고 판단된다.

3. 제3단계: 미북평화협정 체결(1974~1984)

닉슨독트린으로 주한미군 철수 가능성이 대두되고 베트남 전쟁 종
결에 따른 파리협정에 고무된 북한 정권은 1974년 이후부터 1980
년대 중반까지 '남북평화협정 체결'이라는 기존 입장에서 일전하
여 '미북평화협정 체결'을 주장하기에 이른다. 북한은 1974년 3월
최고인민회의 제5기 3차 회의에서 채택된 '미 의회에 보내는 편지'
에서 최초로 미북평화협정 체결을 제의한다. 이후 북한은 1975년 9
월 제30차 유엔 총회에 제출한 문건에서 "휴전협정의 실질적 당사

---

3   Kim Il Sung, *Selected Works, Vol. II* (Pyongyang: Foreign Language Publishing House, 1965), pp.212~222.

자는 북한과 미국이며, 양자 간 평화협정이 체결되어야 한다”고 주장한다.

북한의 대미평화협정 제안에는 불가침 서약, 무력충돌 위험 제거, 미국의 평화통일 방해 중지 및 내정 불간섭, 무력 증강과 군비경쟁의 중지 및 군수물자 반입 금지, 주한외국군의 유엔군 모자 사용금지 및 철수 등의 내용이 포함되었다.

미북평화협정 체결과 관련된 북측 주장은 휴전협정의 실질적 당사자(서명자)가 미국, 북한, 중국이지만, 중국이 이미 북한에서 철수한 상황에서 미국과 북한만이 휴전 당사자로 남아 있기 때문에 휴전협정을 대체할 평화협정은 미북 간에 체결되어야 한다는 것이다. 북한의 제안은 주한미군 문제와 관련하여 과거 남북평화협정 주장이 주한미군 철수를 전제조건으로 했던 것에 비해 ‘선先 미북평화협정 체결, 후後 주한미군 철수’라는 구도로 전환되었다는 특징이 있다.

북한이 남북평화협정에서 일전하여 대미평화협정을 제의한 배경에는 1969년 닉슨 독트린 발표 이후 주한미군 2만 철수 등 완전 철수 가능성이 대두되고 있었으며, 1972년의 미·중 관계개선 그리고 베트남 전쟁 종결에 관한 미·월맹 간의 파리협정 등으로 한반도 상황이 자신에게 유리하게 조성되고 있다는 판단이 작용했다고 볼 수 있다. 특히 베트남 문제와 관련, 주월미군의 철수와 남베트남에 대한 미국의 사실상 포기를 가져왔던 파리협정 방식은 북한의 대미 평화협정 제의에 결정적인 영향을 준 것으로 평가된다. 특히 미국의 카터 정권이 주한미군 철수를 시도하고 한국과의 관계가 크게 악화된 가운데, 북한은 한국을 배제하고 대미 직접 접촉 채널을 확보하기 위해 상당한 노력을 기울이게 된다.

1975년 9월 유엔 총회에서 미국의 키신저^{Henry A. Kissinger} 국무장관은 남북한, 미국, 중국의 4자 회담 개최를 제안하고 주변 국가들의 남북한에 대한 교차승인을 요구했지만, 북한은 "2개의 조선 음모"라고 비난하면서 대미평화협정 체결을 요구했다. 또한 북한 정권은 1979년 7월 카터^{Jimmy Carter} 대통령 방한 시 한미공동성명에 의한 남북한 및 미국에 의한 '3당국 회의' 제안도 동일한 이유에서 거부하고 양자 회담을 요구하기에 이른다. 한편 북한은 1974년 1월 박정희 대통령의 남북상호불가침협정 체결 제의를 거부한 바 있다.

4. 제4단계: 3자회담(1984~1993)

북한은 랭군 사건 발생 3개월 뒤인 1984년 1월 '서울 당국과 미 정부 및 의회에 보내는 편지'를 통해 '남북불가침공동선언 및 대미평화협정의 동시 체결'이라는 소위 '3자회담'을 제안했다. 3자회담 제안은 '북한과 미국 사이에 평화협정을 체결하고 미군을 남조선에서 철거시키며 북과 남 사이에 불가침 선언을 채택'하는 것을 기본내용으로 하고 있다.

북한의 3자회담 제의는 1979년 미국의 3자회담 제안을 일단 수용하면서 기존 대미평화협정 주장의 기본 골격(선 대미평화협정 체결, 후 주한미군 철수)을 유지하되 한국을 철저히 배제하던 기존 노선을 수정하여 한국과도 불가침 선언 문제를 논의하겠다는 점이 특징이다. 북한의 3자회담 논리는 베트남 문제 해결을 위한 파리회담 방식에 준거해 미국과 북한이 회담의 주당사자가 되어 평화협정 문제를 처리하고 그 과정에서 종속적인 당사자인 한국과 불가침 문제를 처리한다는 것이다.

북한의 3자회담 제안은 명백히 한국 대통령의 암살을 기도했던 랭군 사건으로 북한에 대한 국제 여론이 극도로 악화된 가운데 비록 내용에서는 거리가 있지만 한국과 미국이 제의했던 3자회담과 남북불가침협상에 응하는 모습을 보임으로써 미국과 한국의 관심을 돌리려는 의도가 있었다고 볼 수 있다.

1989년 베를린 장벽이 무너진 이래 도미노처럼 사회주의권이 쓰러지는 상황에서 북한 정권은 한국전쟁 이래 최악의 상황에 처하게 되었다. 대외 환경 악화는 물론 스탈린식 통제경제의 구조적 모순으로 북한 경제는 사실상 파산상태에 처하게 되었다. 이러한 상황에서 북한은 한국과의 총리급 회담에 응하여 1991년 '남북 화해와 불가침 및 교류 협력에 관한 합의서'(이하 기본합의서)에 합의했다. 그런데 남북기본합의서 제5조에 "남과 북은 현 정전상태를 남북 사이의 공고한 평화상태로 전환시키기 위해 공동으로 노력하며 이러한 평화상태가 이룩될 때까지 현 군사정전협정을 준수한다"고 되어 있어, 북한은 남북 당사자 해결 원칙에 따른 평화체제 전환에 동의했다고 볼 수 있다. 그러나 우리 측의 이해와는 다르게, 기본합의서에서 북한이 기존의 미북평화협정 주장을 철회한 것은 아니었다. 이후 북한은 그들의 3자회담 논리에 입각해 기본합의서 채택으로 한국과의 불가침협정이 체결되었기 때문에 미북평화협정이 체결되어야 한다는 입장을 주장하기 시작한다. 특히 1991년 9월 남북 유엔 동시 가입 이후, 북한은 유엔과 북한 간의 비정상 관계 청산이 필요하며 이를 위해 정전체제의 평화체제 전환 및 유엔사 해체, 대미 평화협정 체결, 주한미군 철수를 주장하기 시작했다.

5. 제5단계: 새로운 평화보장체계(1993~2001) 주장

북한은 1993년 3월 NPT 탈퇴 선언을 계기로 미국과의 직접 대화 채널을 확보하는 데 성공했으며, 이후 미북 핵협상에서 대미평화협정 문제를 협상력 제고에 활용하는 모습을 보인 바 있다. 특히 1994

년 4월 핵협상의 쟁점이었던 원자로 연료봉의 일방적인 인출을 발표한 직후, 북한 외교부는 미국에 정전협정을 평화협정으로 대체하고 현 군사정전기구를 대신하는 '새로운 평화체계 수립'을 제의한다. 같은 날 북한 측 군정위 대표를 철수시키고 1994년 12월에는 중국 대표도 철수시켰다. 이후 북한은 정전위의 무력화를 위한 일련의 조치들을 취하면서 대미평화협정을 요구하기에 이른다.

북한 외교부는 1996년 2월 미국에 비무장지대 관리, 돌발사건 발생 시 해결 방안, 군사공동기구 구성 등을 포함하는 잠정협정 체결, 특히 군정위를 대신하는 '조미공동군사기구'를 제안했다. 이후, 북한은 비무장지대에 대한 유지 관리 의무 포기를 선언하고 비무장지대에서 무력시위를 감행했다.

북한이 주장하는 새로운 평화보장체계가 무엇을 의미하는지 불명확하지만, 미국에 제안한 것으로 보아 이는 미북평화협정 체결과 밀접한 관련이 있다고 볼 수 있다. 핵협상 기간 중, 북한이 정전위 기능을 무력화시키는 일련의 조치를 취하면서 대미평화협정 체결 공세를 펼친 것은 명백히 미국과의 협상에 영향을 주려는 의도가 있었다고 판단된다. 또한 심각한 경제·식량난에 처해 있는 상황에서 체제에 대한 주민들의 지지를 확보하고 내부 단속을 하기 위해 공세적인 자세로 나왔다고 볼 수 있다.

한국 정부는 한반도 평화 문제에 있어서 1992년 남북한 간에 마련한 '기본합의서'에 따른 남북 당사자 해결이라는 기본 전제에도 불구하고 제네바 합의 이후 미북 관계 개선의 추진과 함께 북한이 남북대화를 철저히 거부하고 대미평화협상을 주장하고 있는 현실을 고려하여 한반도의 휴전상태를 항구적인 평화체제로 전환하기 위한 새로운 틀을 모색하게 된다. 한국 정부는 미국과의 협의를 통해 남북한과 한국전쟁에 직·간접적 책임이 있는 미국과 중국이 참여하는 소위 '4자회담' 방식을 추진하여, 1996년 4월 제주도에서 열린 한미정상회담에서 4자회담을 북한과 중국에 공식적으로 제의했던 것이다. 이와 함께 한국은 미북 접촉을 남북대화 재개에 연계하던 정책에서 벗어나, 미사일 통제 문제, 미군실종자[MIA] 문제 등과 같은 현안 문제에 대해 미북 간의 직접 접촉을 용인하는 조치를 취했다.

경제적 어려움이 가중되는 상황에서 북한은 1997년 3월 식량지원과 미국과의 준 고위급회담 개최를 담보로 한국과 미국이 제의한 '4자회담 설명회'에 응했으며, 대규모 식량지원, 경제제재 완화 등이 선행될 경우 4자회담을 수락할 수 있음을 밝혔다. 국제기구를 통한 한·미·일의 간접적 식량지원이 이루어지는 가운데, 북한은 식량지원 및 경제제재 완화에 대한 사전 보장을 요구하는 한편, 미북 평화협정과 주한미군 처리 문제를 본회의 의제로 해야 한다는 입장을 보이면서 4자회담에 응했다. 1954년 한국전쟁 처리를 둘러싼 제네바 회의가 결렬된 이래 43년 만인 1997년 12월 제네바에서 한국전쟁의 실질적 당사자들인 남북한과 미국, 중국이 참가한 4자회담이 개최되었다. 북한은 평화협정 자체에는 관심을 보이지 않고 4자회담과 미북 고위급회담으로 2원화해 4자회담을 통한 간접적 남북대화에 형식적으로 응하면서 미북 회담에서 한반도 안보 구도의 수정과 미북 관계개선을 노리는 전략을 취했다. 4자회담을 거쳐야만 미북 고위급회담이 가능하던 상황에서 4자회담 없이도 미북 고위급회담이 가능해지자 북한은 4자회담을 공전시켰으며 결국 4자회담은 유명무실화되었다.

6. 6단계: 2차 핵위기와 대미 불가침 주장

2002년 10월 평양을 방문한 제임스 켈리^{James Kelly} 미 국무부차관보는 북한 측에 우라늄 농축을 통한 핵무기 개발 의혹을 제기한다. 북한의 강석주 부부장은 미국이 북한을 압살하려고 하기 때문에 이에 대항하기 위해 핵무기는 물론 그보다 더한 것도 가지게 되어 있다는 취지의 발언을 하여 사실상 우라늄 농축을 통한 핵무기 개발을 시인했다. 이어 북한 외무성은 2002년 10월 25일 담화를 통해 "미국이 불가침조약을 통해 우리에 대한 핵 불사용을 포함한 불가침을 획약

한다면 미국의 안보상 우려를 해소할 용의가 있다"고 주장했다. 북한은 미국의 적대정책으로 인해 핵무기를 개발하고 있고, 이를 해소하기 위해서는 자신을 압살하지 않는다는 불가침조약이 필요하다는 논리를 전개했던 것이다.

북한의 이와 같은 논리 전개는 핵문제 해결을 위해서는 미국의 적대정책을 해소하는 불가침조약 내지는 평화협정이 필요하다는 인식을 확산시켰다. 2004년 2월 26일 북경 6자회담에서 켈리 차관보는 "북한이 CVID^{Complete, Verifiable, Irreversible, Dismantlement}를 받아들인다면 미국은 정전협정의 폐기를 포함하여 북한과 관계개선에 관한 제반 조치를 협의할 수 있다"고 언급했다. 결국 미국의 대북 적대정책을 상징하는 정전협정이 한반도 평화체제로 전환되지 않으면 북핵 문제를 근원적으로 해결할 수 없다는 북한의 논리를 미국이 일정 부분 수용한 셈이다. 이로써 6자회담의 북핵 문제 해결 과정은 정전협정의 전환, 즉 평화체제 문제와 연계되게 되었다.

북한 외무성은 2005년 7월 22일 평화체제 전환 문제에 관해 그들의 입장을 담은 주목할 만한 담화를 발표했다. 담화에 따르면, "조선반도에서 정전체제를 평화체제로 전환하게 되면 핵문제의 발생 근원이 되고 있는 미국의 대조선 적대시정책과 핵위협이 없어지는 것으로 되며 그것은 자연히 비핵화 실현으로 이어지게 될 것이다.

결국 평화체제 수립은 조선반도의 비핵화 목표를 달성하기 위해서도 반드시 거쳐가야 할 로정으로 된다. 조선반도에서 불안정한 정전상태를 공고한 평화체제로 전환하는 것은 곧 조선반도 문제의 평화적 해결 과정으로 된다. 그러므로 조선반도에서의 평화체제 수립 과정은 반드시 조미 사이의 평화공존과 북남 사이의 평화통일을 실현하기 위한 환경조성에 기여하는 것으로 되어야 한다. 조선반도에서 평화체제 수립 과정이 성과적으로 추진되면 조선반도와 동북아시아, 나아가서 세계의 평화와 안전을 이룩하는 데 기여하게 될 뿐 아니라 곧 재개될 핵문제 해결을 위한 6자회담 과정도 결정적으로 추동하게 될 것이다"라고 하여 북핵 문제 해결에 있어 평화체제 전환이 핵심 사안임을 강조했다.

2005년 9월 19일 4차 6자회담은 북핵 문제의 해결 원칙을 담은 9·19공동성명을 발표했다. 9·19공동성명에는 "한반도에서 항구적인 평화체제를 확립하기 위해 관련 당사국들은 별도 포럼에서 회담을 갖기로 합의했다"고 하여, 평화체제 문제 논의가 본격화될 것을 예고했다. 그러나 정체되던 9·19공동성명 이행은 2006년 10월 9일 북한의 핵실험으로 새로운 전기를 맞게 되었다. 18개월 만에 재개된 6자회담은 2007년 2월 13일 9·19공동성명의 초기 이행 조치에 관한 합의에 도달했다. 북한 핵활동의 동결에 초점을 둔 이 합의에서는 별도의 포럼을 통해 한반도 평화체제 문제를 논의하기로 한 9·19공동성명의 평화체제 항목을 다시 확인했다. 이로써 북핵 문제 해결 과정은 한반도 평화체제 문제로 연계되었다.

Ⅲ. 평화협정에 관한 북한 입장

앞서 보았듯이, 한반도 평화체제에 관한 북한의 입장은 변화해왔다. 한국전쟁 정전 직후 정전체제의 평화체제 전환을 위한 첫 시도로서 제네바 정치회담이 개최되었을 때, 북한의 입장은 유엔 결의안에 의거해 한반도에서 합법정부로 인정받은 한국과 동등한 권한을 인정해달라는 소위 '동등성의 원칙'을 주장했었다. 한국이 정전협정의 당사자가 아니기 때문에 평화협정의 당사자가 아니라는 현재의 북한 입장과 상당히 거리가 있는 것이다. 1970년대 중반까지 북한은 남북평화협정 체결을 주장해왔다. 그런데 이후 입장을 바꿔 대미평화협정을 주장하게 된 것은 베트남 전쟁 종결을 둘러싼 파리 평화회담의 영향을 받았기 때문이다. 파리 평화회담은 미국, 남베트남, 월맹, 해방전선(베트콩)의 4자회담이었지만, 사실상 미국과 월맹 양자회담이었다. 회의 결과, 미국은 미군을 철수함으로써 남베트남 안보에서 손을 뗐다. 이후 월맹은 대공세를 취해 베트남을 무력으로 통일하는 데 성공한다. 북한은 파리 평화회담 모델이 한반도에 적용될 수 있는 유용한 틀임을 인식하게 되었다. 이리하여 북한이 1970년대 중반 이후 대미평화협정을 주장하기에 이른 것이다. 또 파리 평화회담에서 힌트를 얻은 북한은 미국과 한국을 포함하는 3자회담 논리를 도입하기 시작했다. 현재 평화체제에 관한 북한의 입장은 1970년대 중반 이후의 논리와 궤를 같이하면서 일관성을 보이고 있다. 평화체제 문제와 관련한 북한의 입장을 정리해보면 다음과 같다.

첫째, 한반도 평화체제는 한국과의 불가침 선언, 그리고 미국과의 평화협정에 기초한다는 입장이다. 북한은 자신의 3자회담 논리에 입각해 한국과는 불가침 선언, 미국과는 평화협정을 체결하는 것이 한반도에서 평화체제를 구축하는 것이라는 인식을 가지고 있다. 한국과는 1992년 2월 기본합의서에서 불가침 부분의 합의를 보았기 때문에 한반도 평화체제 문제에서 남은 것은 대미평화협정이라는 입장이다.

둘째, 평화체제 논의는 한국, 미국, 북한의 3자회담 형식이어야 한다는 입장이다. 물론 실질적으로 미북 협상을 바라고 있고, 한국의 자격은 옵서버 수준으로 볼 수 있다. 북한은 1990년대 중반 4자회담에 응한 바 있으나, 중국의 평화협정이나 평화체제 참여를 꺼려한다고 볼 수 있다. 2005년 5월 12일 한성렬 유엔 북한대표부 차석대사는 미 신문과의 인터뷰에서 "한반도 정전협정을 새로운 체제, 즉 평화조약이나 평화협정으로 바꿔야 한다. 한반도에 군대를 주둔시키고 있는 국가들이 그 조약에 참여할 수 있다"고 하여 중국을 배제한 것임을 시사했다.[4] 북한은 1984년 3자회담을 주장할 때부터 중국의 참여를 배제하고자 했다. 특히 중국은 1994년 북한 측 요청으로 중국군 대표를 군사정전위로부터 철수한 상태이다. 한편 한성렬의 발언은 일견 한국을 평화협정의 당사자로 시사하는 것처럼 보이지만, 북한이 과거 한국군에 대한 작전통제권이 미국에 있다는 논리로 한국을 배제해온 점을 고려할 때 한국을 당사자로 간주하고 있는지는 의문이다.

셋째, 평화협정은 미국과의 양자협정이어야 한다는 입장이다. 북한은 앞서 지적했듯이 한국을 평화협정의 당사자로 인정하지 않고 있다. 1970년대 중반 이후 북한이 한국을 평화협정의 당사자로 인정하지 않고 대미평화협정을 주장하는 이유는 1994년 5월 6일 북한 외교부 대변인의 담화에 잘 나타나 있다. 이에 따르면, "공화국 정부가 이번에 새로운 평화보장체계 수립을 위한 협상을 미국에 제기한 것은 정전협정에 서명한 실제 당사자도 미국이고 현실적으로 남조선에서 군사통수권을 쥐고 있는 것도 미국이라는 '법률적 및 현실적' 조건을 고려한 데 있다. 남조선 당국자들은 조선정전협정 체결 시 그것을 한사코 반대했고, 또 실제상 남조선에서 완전한 군사통수권

---

4 *USA Today*, May 12, 2005.

을 가지고 있지 못한 조건에서 평화협상에 참여할 아무런 권능이나 자격도 가지고 있지 못하다"는 것이다. 결국 북한이 한국을 배제하고 대미평화협정을 주장하는 근거는 ① 한국이 정전협정의 서명자가 아니고, ② 군사통수권을 가지고 있지 못하며, ③ 정전협정 체결에 한국이 반대했다는 점이다. 또한 북한의 입장에서 미국, 북한, 그리고 중국이 정전협정의 실질적 당사자이지만, 중국군이 이미 철수했으므로 미국과 북한만이 정전협정의 당사자라는 것이다.

넷째, 평화체제 전환 문제를 주한미군 철수와 유엔사 해체와 연계하고 있다. 북한은 미북평화협정을 주장하면서 주한미군 철수와 유엔사 해체를 함께 연계시켜 거론해왔다. 북한은 평화협정의 핵심 사안이 미북평화협정 체결과 그에 따른 주한미군 철수라는 인식을 갖고 있다. 북한은 1990년대 들어 주한미군을 용인할 수 있다는 입장을 개진하기도 했다. 1992년 북한의 김용순은 아놀드 캔터 Arnold Kanter 미 국무부 부장관과의 회담에서 북한은 주한미군을 인정할 수 있으며 미국의 우방이 될 수 있음을 전달한 바 있다. 그러나 4 자회담에서 주한미군 철수를 주장했고, 이로써 주한미군 철수 주장을 완전히 철회했다고 볼 수 없다. 평화협정이 어떠한 형태로든 체결될 경우, 주한미군의 주둔 명분은 약화될 것이며 한미동맹의 당위성에 대한 의문도 한국 내에서 제기될 것이다. 북한은 한국 내의 여론 동향을 유의하면서 평화체제 전환 문제를 제기하고 있다고 볼 수 있다.

다섯째, 평화체제를 핵문제 해결의 중요한 전제조건으로 주장한다. 하지만 결정적 합의 단계에서는 평화체제 문제를 우선적으로 주장하지 않고 접는 경향이 있다. 1990년대 초 이래 현재까지 북핵 협상에 있어서 북한은 중요한 고비 때마다 강력히 대미평화협정이 북핵 해결의 선결요건인 것처럼 주장해왔다.

Ⅳ. 북한 주장의 문제점

1. 평화협정 주장의 진정성 문제

북한은 2002년 10월 이후 미국의 압살정책으로 핵무기를 개발할 수밖에 없고 문제를 해결하기 위해서는 미국이 적대정책을 버려야 한다는 논리에 입각해 불가침조약을 요구하면서 극한전략을 취해 왔다. 북한은 적대 해소를 판단하는 기준으로 '불가침조약', '대미 관계개선' 그리고 '타국과의 경제 관계 방해 해소' 등을 들고 있다. 이는 지금까지 북한의 입장을 뒷받침하는 내용이다. 즉, 부시 정부 의 '악의 축' 지정과 핵 선제 사용 위협에 대한 방어적 입장에서 핵 무기를 개발할 수밖에 없으며, 미국의 우라늄 농축을 통한 핵무기 개발 의혹 제기는 타국과의 경제 관계를 방해하려는 기도로 당시 활 발한 남북교류와 평양선언에 따른 일북 관계의 급진전에 제동을 걸 기 위한 음모였다는 것이다.

북한의 핵무기 개발이 미국의 적대정책 때문이라는 점은 동의 하기 어렵다. 냉전 시기 북한은 공산 진영에 속해 있던 까닭에 미국 이 북한 정권의 붕괴를 시도하지 않았던 것은 명백하다. 더욱이 냉 전 이후 클린턴 정권에 이르기까지 미국 정부가 북한 정권의 전복을 꾀한 적도 없다. 제네바 합의는 경제·에너지지원, 관계개선 등 북한 정권의 붕괴를 막는 추진 과정 road map 을 담고 있다.

　그렇다면 문제는 부시 정권 이후이며, 2002년 1월 '악의 축' 발언을 한 이후로 볼 수 있다. 북한의 핵무기 개발은 최소한 30년 가까운 오랜 역사를 갖고 있으며, 특히 우라늄 농축을 통한 핵개발은 부시 정권 이전에 시작된 것으로 알려져 있다. 결국 미국의 적대정책 때문에 핵무기를 개발한다는 것은 사실과 다르며, 북한의 핵무기 개발이 미국의 적대정책 산물이라는 시각은 잘못된 것이다. 따라서 북한의 안보 우려 해소가 핵문제를 해소하는 변수 중의 하나이지 결정적인 변수는 아니라는 점을 인식해야 할 것이다.

　과연 북한이 대미평화협정을 핵무기 포기의 중요한 전제로 생각하고 있는지 적지 않은 의문이 든다. 과거 핵협상에서 북한의 행동을 면밀히 검토해보면, 중요한 고비 때마다 강력히 대미평화협정을 북핵 해결의 전제로 제기해왔지만, 협상의 합의 단계에서는 거의 문제가 되지 않았다. 1990년대 초 1차 핵위기 당시 북한은 정전협정을 무력화하는 행동을 취하면서 미북 고위급회담에서 대미평화협정이 문제 해결의 중요한 조건인 것처럼 주장했지만, 막상 협상의 최종 단계에서는 거의 언급하지 않았으며 제네바 합의에는 평화체제 문제가 포함되어 있지 않다. 제네바 합의 이후 북한은 다시금 정전협정 무력화 조치를 강화하면서 새로운 대미평화보장체계 수립을 요구했다. 홀 준위 사건을 계기로 미국은 한국을 포함한 3자 회담을 수용하는 입장을 취하게 되었고, 결국 중국을 포함한 4자회담이 1997년 12월 개최되어 1954년 제네바 정치회담 이후 처음으로 평화협정 전환을 위한 회담이 개최되었다. 그러나 북한은 미북 평화협정 체결과 주한미군 철수를 주장하면서 협상에 관심을 보이지 않아 결국 4자회담은 흐지부지 끝나게 되었다. 4자회담이 흐지부지하게 된 이유는 4자회담을 거치지 않고도 미국과의 직접 협상이 가능하게 되었기 때문이다. 결국 북한이 4자회담에 나온 것은 4자회담을 통해서만 고위급의 미북 대화가 가능했기 때문이다. 평화체제 전환과 북핵 문제 해결을 연계하는 북한의 주장은 핵문제의 핵심 부분에 대한 접근을 막고 다른 반대급부를 최대한 확보하려는 협상의 측면 지원적 성격이 있다고 판단된다. 평화체제 전환 문제는 북핵 문제 해결에 있어 본질적 부분이 아닐 수 있다는 점을 유의해야 할 것이다. 북한의 대미평화협정과 평화체제 전환 주장은 사회주의 특유의 선전적 전술 측면이 강하다. 특히 최근에는 핵무기 개발의 명분으로 활용하는 측면이 크다고 볼 수 있다.

북한은 6자회담이 공전하는 가운데 2005년 7월 한반도의 비핵화를 위해 평화체제 수립이 필수적이라는 취지의 외교부 담화를 발표했다. 2기 부시 정부의 라이스^{Condoleezza Rice} 국무장관을 중심으로 하는 외교팀과 한국은 전격적으로 북한의 제안을 수용하여 결국 2005년 9·19공동성명에는 한반도 평화체제 구축을 위한 별도의 포럼을 구성한다는 내용이 포함되게 되었다. 북한이 핵무기 개발의 명분으로 미국의 적대정책을 들고 있고 이를 해소하기 위해 평화체제 전환이 필요하다고 주장하고 있는 이상, 국제 사회는 이러한 명분을 없애는 방향으로 평화체제 문제에 접근하고 있다고 볼 수 있다.

2. 당사자 문제

평화체제의 형식 문제는 내용에 앞서 남북이 가장 첨예하게 대립하는 핵심적 쟁점이라고 볼 수 있다. 형식 문제의 핵심은 당사자 문제이다. 북한은 남북 간 불가침협정과 미북평화협정이라는 소위 3자회담 논리를 주장해왔고, 특히 남북 간 기본합의서 채택 이후 남북 간의 불가침 문제가 해결된 이상 미북평화협정이 체결되어야 한다는 논리를 주장하고 있다. 반면, 우리 측은 1992년 기본합의서에서 남북한이 합의한 대로 평화체제의 당사자는 남북한이며 남북 평화체제가 되어야 한다는 입장이다.

당사자 문제를 오로지 법리적으로만 본다면, 평화협정의 당사자는 6·25전쟁의 교전국들[belligerent]이 되어야 한다. 일단 공산 측은

6·25전쟁을 내전으로 규정하기 위해 철저히 개입을 부정했다.[5] 중국은 6·25전쟁의 교전국임을 거부하고 '의용군'이라는 명칭을 사용했지만, 결국 정전협정의 당사자가 되어 6·25전쟁의 교전국임을 인정한 셈이다. 유엔은 6·25전쟁 당시 한국을 지지하고 돕기 위해 파병된 국제 군사력이 유엔의 명칭과 깃발을 사용하는 것을 인정했지만, 실질적으로 한국에 있는 전투부대에 대해 통제력을 발휘하지 못했다. 미국이 독자적으로 혹은 한국과 참전국들과의 협의를 통해 모든 중요한 결정을 내렸다. 결국 6·25전쟁은 남북한 간의 내전civil war과 20여 개국이 참전한 국제 분쟁으로서의 성격을 갖는 바, 남북한과 전쟁에 참전한 20여 개국이 교전국으로 볼 수 있다.

그러나 6·25전쟁의 교전국들이 모두 새로운 대체협정의 당사자가 될 필요는 없다고 본다. 현재 한반도의 상황을 고려할 때, 전쟁 책임이나 보상·배상을 다루는 전통적 의미의 평화협정을 체결하는 것은 불가능하며 무의미하다고 판단된다. 한반도의 새로운 대체협정은 정전상태를 법적으로 종결하는 측면도 있지만, 그 중심은 역시 남북한 간의 첨예한 갈등을 푸는 관계개선에 있다고 본다. 따라서 협정의 당사자는 당연히 남북한이어야 할 것이다. '남북평화협정'

---

5 소련의 경우 참전을 철저히 부정해왔지만, 소련이 붕괴함에 따라 한국전쟁에 소련 공군 등이 참전한 사실이 드러나고 있다.

이 정전협정을 대체하는 협정이 되어야 한다는 것이 가장 이상적인 방안이지만, 현 상황에서 실현되기까지는 난관이 적지 않다.

첫째, 앞서 지적했듯이 북한이 한국을 배제한 미북평화협정을 고집하고 있다는 점이다. 그러나 남북 관계개선 가능성이 고조되는 가운데, 남북평화협정이 모색될 수 있는 여건이 조성될 수도 있다.

둘째, 미국과 중국을 배제할 수 있느냐의 문제이다. 미국과 중국은 한국전쟁의 핵심 교전국이자 정전협정의 당사자이며, 정전협정을 대체하는 프로세스인 4자회담에도 참여하고 있는 바, 남북한과 함께 한반도 평화 문제의 핵심 당사자들로 볼 수 있다. 남북한이 양자협정으로 합의한다면 문제가 없겠지만, 그렇지 않을 경우 미국과 중국은 4자협정 등 평화협정에 어떠한 형태로든 개입하기를 원할 것이다. 미국과 중국이 남북한 간의 평화협정에 대한 보장협정 당사자로 참여하는 방법도 가능하다.

그러나 북한은 2007년 10월 남북정상회담 공동성명에서 한반도 평화 문제를 3자 혹은 4자로 한다는 입장을 개진해 사실상 중국을 배제하는 듯한 입장을 취했다. 북한은 기존 3자회담 논리에 입각해 한반도 평화체제 문제의 당사자로서 중국을 배제하는 입장을 대중 지렛대로 활용하는 측면이 있다.

3. 한미동맹 해체 및 주한미군 철수

북한은 파리 평화협정으로 미군이 베트남으로부터 철수하고 이어 통일을 달성한 베트남의 사례에 고무되어, 1970년대 중반 이후 대미평화협정과 3자회담 논리를 일관되게 주장하고 있다. 따라서 북한의 대미평화협정 또는 평화체제 주장은 일관되게 주한미군 철수와 한미동맹 해체를 위한 의도를 갖고 있다고 볼 수 있다. 냉전 붕괴 이후 체제의 존립이 위협받는 수세적 상황에서 북한은 주한미군을 인정하는 듯한 입장을 미국과 한국에 전하기도 했지만, 궁극적으로 평화협정 주장은 주한미군 철수와 한미동맹 해체를 위한 수단으로 활용하고자 하는 의도가 있다고 볼 수 있다.

북한은 평화협정이 어떠한 형태로든 체결될 경우 주한미군 철수와 한미동맹 해체를 요구하는 대대적인 선전전을 전개할 것이다. 북한은 전쟁을 하지 않기로 약속한 상황에서 주한미군을 주둔시킬 필요와 명분이 없다고 주장할 것이다. 이와 관련해 친북적 시민단체들과 학생들을 중심으로 국내에서도 한미동맹 해체와 주한미군 철수를 요구하는 목소리가 확산될 것으로 생각된다. 현재 국내에 뿌리 깊은 반미 정서를 고려할 때, 이들의 주장은 국민들 사이에서 공명을 일으킬 소지가 충분하다. 특히 한국 방위를 위해 주한미군이 존재한다는 국민들의 일반 인식에 비추어, 평화협정은 주한미군과 한미동맹이 더 이상 필요하지 않다는 인식을 확산시킬 것이다. 따라서 주한미군 철수 요구가 일반 국민들의 지지를 받게 될 공산이 크다. 또한 이 점은 미국의 대중들에게도 동일한 효과를 발휘하게 될 것으로 판단된다. 즉, 더 이상 미군을 한국에 주둔시킬 필요가 없다는 인식이 미 국민 사이에 확산될 것이다.

결국 평화협정 문제는 향후 한미동맹과 주한미군의 존재 방식에 악영향을 미칠 것이 분명하다.

Ⅴ. 소결론

북한 외무성은 2010년 1월 이후 대미평화협정 주장을 다시 제기하고 있다. 외무성 성명을 통해, "평화협정이 체결되면 조미 적대관계를 해소하고 조선반도 비핵화를 빠른 속도로 적극 추동하게 될 것이다"라고 주장하여, '선先 평화협정, 후後 비핵화'라는 논리를 주장하기 시작했다. 김계관 북한 외무성 제1부상도 2011년 7월 방미 당시 비핵화를 위해 미북평화협정의 필요성을 주장했으며, 박의춘 북한 외무상도 2011년 7월 발리의 ARF 연설에서 동일한 취지로 평화협정 체결을 역설했다.

평화협정 부재 내지는 미국의 압살정책 탓에 핵무기를 개발한다는 논리의 연장선상에서 6자회담 재개를 앞두고 비핵화의 논점을 흐리고 협상의 주도권을 확보하려는 전략으로 볼 수 있다. 평화협정 문제가 단기에 해결될 수 없는 매우 복잡한 사안임에 비추어, 선 평화협정 주장은 결국 물타기는 물론 비핵화의 과정을 최대한 장기화하여 사실상 핵무장을 기정사실화하는 협상 전략으로도 판단된다. 결국 핵무장을 정당화하는 논리로서 미국의 압살정책과 평화협정 부재를 이용하고 있는 것이다.

지난 20년의 대북 핵협상 기록을 면밀히 검토해보면, 평화협정 주장과 비핵화는 사실상 별개의 사안임을 알 수 있다. 북한은 항상 중요한 협상 시점마다 평화협정이 문제 해결의 핵심임을 주장해왔지만, 협상의 타결 단계에서는 이에 대해 큰 관심을 보이지 않았다. 북한은 평화협정 체결을 제기하면서도 실제로는 한 번도 이를 진지하게 추진한 바 없으며, 오히려 기회가 있을 때마다 이를 한반도 문제에 있어 남한 배제, 주한미군 철수, 한미동맹 해체 등을 주장하는 구실로 악용해왔다. 제네바 회의 이래로 평화협정 문제를 논의할 4자회담(1997년~1999년, 남·북·미·중)이 열렸지만, 북한은 평화협정에 대한 의지를 보이지 않았고 미북 고위급회담을 위한 채널로 활용한 바 있다. 북한은 평화협정에 남한 참여 불가, 주한미군 문제 우선 의제화 등 다양한 구실을 들어 관련 논의에 무성의하게 대응하면서 한미동맹 해체를 주장하는 장으로 회담을 악용함으로써 회담이 흐지부지되게 만들었다.

북한이 최근 '선 평화협정, 후 비핵화'를 주장하는 것은 비핵화 의무를 회피하고 9·19공동성명 이행을 지연시키기 위한 전술로 파악된다. 북한은 제네바 합의(1994년)에 동의하고도 곧바로 비밀 우라늄 농축 프로그램을 추진했으며, 9·19 공동성명(2005년)에 합의하고도 2006년과 2009년, 두 차례 핵실험을 실시하고 한편으로 우라늄 농축 프로그램을 계속 추진하는 등 의무를 이행하지 않음으로써 국제적 신뢰가 전무한 상황이다. 이렇게 이미 합의한 비핵화 의무 조차 이행하지 않아 신뢰가 땅에 떨어진 북한이 "새로운 합의(평화협정)"가 있어야 "기존 합의(비핵화)" 이행이 가능하다고 주장하는 것은 본말本末이 전도된 것으로 볼 수 있다.

한편 북한의 평화협정 주장의 궁극적 목적은 주한미군 철수와 한미동맹 해체에 있다고 본다. 냉전체제 붕괴 이후 수세적 상황에서 북한은 대미협상에 사활을 걸고 있다. 지난 20년간의 핵협상 과정을 면밀히 검토해보면, 북한은 매우 일관된 입장을 보였다. 첫째로 협상 대상은 오로지 미국이다. 둘째로 미국이 제한적인 핵무장을 묵인해준다면 절대로 미국에게 위협이 되지 않도록 한다는 것이다. 2005년 평양을 방문한 정동영 통일부장관(당시)에게 김정일 위원장은 미국이 적대정책을 포기하면 중장거리 탄도미사일을 포기할 수 있다는 점을 전한 바 있다. 또한 미국을 공격할 수 있는 장거리 미사일은 포기할 수 있고 제3자나 테러리스트에게 절대 핵무기나 핵물질을 이전하지 않겠다는 것이다. 북한 고위인사들은 미국 측 인사들에게 이 점을 강조하고 있다. 셋째로 주한미군을 인정할 수 있다는 것이다. 1991년 초 미북 고위급회담에서 김용순은 주한미군을 인정하고 미국의 맹방이 될 수 있다고 전한 바 있으며, 이러한 입장은 이후 반복되고 있다. 2007년 미국을 방문한 북한의 김계관 부부장은 매우 흥미로운 발언을 했다. 특히 키신저 전 국무장관을 만난 자리에서 김계관은 미중 관계개선에 깊은 관심을 보였고, 미국이 북한에 대한 전략적 관심이 있는지 물었으며, "한반도는 중국 청나라부터 일본에 이르기까지 외세의 침략 대상이었다. 미국과의 전략적 관계는 북한에 도움이 되며 지역을 안정시킨다"는 취지의 발언을 한 것으로 알려졌다. 더욱이 김계관은 뉴욕에서 열린 토론회에서 "중국은 우리에게 큰 영향력이 없다. 미국은 핵문제 해결을 위해 중국에 너무 기대하지 말라. 중국은 우리를 이용만 하려 한다. 미국이 지난 6년간 핵문제 해결을 위해 중국에 의지해왔지만 나온 것이 무엇인가? 우리는 미사일도 쏘고 핵실험도 하면서 우리가 하고자 하는 일을 다 했으나, 중국은 하나도 해결하지 못했다"고 발언했다. 북한은 왜 미국에 이러한 이야기를 한 것일까? 자신과 전략적인 관계를 맺고 제한적인 핵무장을 미국이 인정해준다면, 그 반대급부로 북한이 미국의 대중전략에 협력할 수 있다는 점을 내비친 것이 아닌가 생각된다.

최근 북한은 대미협상에 있어서 주한미군을 인정하는 듯한 입장을 보이고 있지만, 사실상 핵무장을 용인받는 데 초점을 두고 있다고 판단된다. 이러한 입장 개진에도 불구하고 여전히 공식적으로는 주한미군 철수를 주장하고 있기 때문이다. 또한 미북 관계개선과 미북평화협정이 이루어진다면, 북한은 공세적 입장으로 전환해 미북평화협정이 체결되었는데 왜 한미동맹과 주한미군이 필요한 지에 관한 대대적인 공세를 전개할 것이다.

북한의 의도가 무엇이든 간에 한국으로서는 현재의 정전 상황을 항구적인 평화상태로 전환하는 것이 필요하다. 최근 상황을 활용해 한반도의 공고한 평화체제를 구축하는 것을 적극 추진할 필요가 있다. 형식적인 평화협정이 아니라 한반도의 실질적 평화를 보장하는 평화체제를 구축하는 데 초점을 맞춰야 할 것이다. 즉, 형식적 평화보다는 실질적 평화가 목표라고 볼 수 있다. 한반도 평화체제와 관련한 우리의 정책은 사실 '실현성'과 '실효성' 간의 모순을 어떻게 처리할 것인가가 관건이다.

정전협정이 체결된 이후 약 반세기가 지나고 있지만, 지금까지 한국전쟁은 법적으로 정전상태에 머무르고 있다. 정전협정을 대체하는 새로운 협정은 첫째로 한반도의 무장 갈등을 법적으로 종결해야 하며, 둘째로 남북한을 비롯한 모든 당사자들이 한반도 평화에 필요한 조치를 전적으로 준수하도록 보장해야 한다.

한반도 평화협정은 한국전쟁을 법적으로 종결하며 남북 간의 평화공존을 제도화하고 이를 위한 조치들을 남북한과 관련국들이 전적으로 준수하도록 하는 목적을 갖는다. 전통적으로 평화협정은 전쟁을 종결하는 방식이라고 볼 수 있지만, 한반도의 경우 정전협정이 지난 반세기 가까이 준수되는 등 전쟁상태는 이미 종결된 것으로 볼 수 있다. 더욱이 남북 간에 전쟁 책임이나 배상 문제를 다루는 것은 정치적으로 사실상 불가능한 상황이다. 따라서 정전협정을 대체하는 새로운 평화협정은 한반도 평화 정착을 위한 제도적 틀을 마련하는 것이 주요 목적이 되어야 할 것이다. 그럼에도 불구하고 정전협정에서 미흡했던 분야에 대한 고려도 필요하다. 특히 국군포로 문제, 국군실종자 문제, 미군 MIA 문제 등을 평화협정 체결 이전에 반드시 고려하여 해결해야 할 것이다.

한반도 평화 문제의 본질이 남북한 관계라고 한다면, 평화협정은 당연히 남북 간에 체결되어야 할 것이다. 평화협정과 관련한 우리의 기본 입장은 '당사자 해결 원칙'에 입각해 남북한 간에 평화협정을 체결하는 것이다. 이와 같은 당사자 해결 원칙은 이미 1992년 남북 간에 합의된 기본합의서(제5조)와 화해부속합의서(제18·19조)에 명백히 규정되어 있고, 북한 측도 수용한 바 있다.[6] 이러한 합의를 무시하고 북한이 미북평화협정을 주장한다고 해서 4자협정 등 새로

---

6   기본합의서(남북 사이의 화해와 불가침 및 교류·협력에 관한 합의서) 채택 이후, 북한은 소위 '3자회담' 논리에 입각해, 기본합의시에 의해 남북한 불가침협정이 체결된 이상 향후 미북평화협정이 체결되어야 한다는 논리를 주장하기 시작했다.

운 방안을 강구하는 것은 문제가 있다고 본다. 한반도 평화체제가 구축되어 있지 못한 것은 '방안'이 없어서가 아니라 '의지'의 문제라는 점을 인식해야 할 것이다.

남북 간 평화협정 체결에 있어서 문제가 되는 것은 미국과 중국의 역할이다. 미국과 중국은 한국전쟁 주요 교전국이자 정전협정 당사자이며 4자회담에 참가하고 있다. 4자회담을 통한 평화체제 전환을 추진하고 있는 이상, 미국과 중국의 특수한 지위를 어느 정도 반영하는 것이 필요하다고 본다. 따라서 '남북평화의정서' 체결과 이를 미국과 중국이 보장하는 '평화보장의정서'의 형식을 취해, 미국과 중국 양국에게 남북평화협정을 보장하는 자격과 한시적인 평화관리기구의 참여를 부여하는 방안을 고려할 수 있을 것이다. 또한 평화협정의 국제적 정통성을 높이는 방편으로 미국과 중국은 물론 일본, 러시아 등 한반도 평화에 이해를 갖는 국가들과 유엔 등과 같은 국제기구들도 증인 자격으로 협정에 하기 서명하는 방식을 고려할 수 있다.

평화협정은 어떠한 형태이든지 간에 정도의 차이는 있지만, 한미동맹 내지는 주한미군을 둘러싼 환경에 있어서 중대한 변화를 초래한다. 평화협정은 미국과 북한 사이의 적대관계 청산을 상징화하며, 한미동맹 해소와 주한미군 철수를 요구하는 국내외 환경을 조성할 것이다. 북한의 대미평화협정 내지는 평화체제 전환 주장은 주한미군 철수와 연계되어왔다. 현재 주한미군의 재편을 통해 주한미군의 감축이 이루어지고 한국군의 전시작전통제권 전환이 이루어지는 가운데, 북한은 상황을 오판할 수 있다.

전시작전통제권 전환이 마치 미북평화협정 체결을 위한 토대로 생각하는 일부 국내 세력도 있다. 전시작전통제권 전환 등 주한미군 문제는 평화체제 전환 문제와 별개의 문제임을 분명히 해둘 필요가 있다. 주한미군 문제는 정전협정이나 평화협정에 상관없이 한미상호방위조약에 입각한 것으로, 한미 간의 결정사항임을 명확히 해야 할 것이다. 더욱이 9·19공동성명의 이행 과정에서 볼 때 북핵의 완전한 해결은 한반도 평화 문제의 포괄적 해결을 전제로 하는 것이기 때문에, 지금까지 유지해온 한미동맹의 틀과 주한미군 존재 논리는 더 이상 유효하지 않게 될 것이다. 즉, 북한 위협에 초점을 둔 한미동맹은 더 이상 유효하지 않으므로 한미동맹에 대한 새로운 시야와 비전을 시급히 마련해야 한다.

한반도 평화의 당사자는 미국이 아니라 남북한이다. 한반도 인구의 3분의 2와 경제력의 99%를 차지하는 한국을 제외한 어떠한 협정도 한반도의 평화를 유효하게 보장할 수 없다는 것은 자명하다. 한반도의 평화 정착은 단지 평화협정을 체결한다고 해서 이루어지는 것이 아니다. 본질적으로 남북 간의 군사적 대결구도를 해소하는 것이 중요하다. 결국 남북 간의 대결구도를 해소하지 않는 평화협정은 무의미하며, 협정체결^{treaty-making}에 의미가 있기보다는 항구적인 평화 '체제 구축'^{regime-formation}에 의미가 있다. 즉, 형식적 평화보다는 실질적 평화가 목표인 것이다. 따라서 새로운 협정은 남북관계의 실질적 개선을 수반하거나 전제로 하는 것이어야 한다.

평화협정의 핵심은 결국 남북관계 정상화에 있다. 남북관계가 정상화되어야 실효성 있는 평화체제가 구축될 수 있으며, 국제 사회의 개입을 줄일 수 있다. 반대로 남북관계가 진전되지 않은 상황에서 평화협정을 추진하는 것은 형식 면에서 당사자 원칙을 관철하기도 어렵고 국제 사회의 개입 확대를 허용할 수밖에 없게 만든다. 결국 평화협정 문제는 남북관계를 진전시키는 과정과 병행해 추진해야 실효성이 있다고 본다.

제5장

연방제 통일 방안의 실체와 문제점

홍관희

Ⅰ. 연방제 통일 방안: 북한의 대남적화전략의 핵심

통일에 대한 북한의 기본 인식과 논리는 어떠한가? 조선노동당 강령 서문을 보면, "전국적 범위에서 민족해방과 인민민주주의 혁명 과업 완수"와 "통일을 이룩하기 위해 투쟁"한다는 것을 명시하고 있다. 북한에 있어 통일은 단순한 정책 목표가 아닌, 북한 정권의 존재 의의를 설정하는 기본 과제이며, 모든 체제 조직과 운영의 원리를 지배하는 원칙이다. 이에 따라 북한은 "조선은 하나이다"라는 대전제를 고수하고 있다.

1. 북한의 통일 방안이 고려민주연방제로 확립되기까지

1945년부터 1960년대 중반까지만 해도 북한은 이른바 '혁명기지론(민주기지론·혁명적민주기지론)'을 추구해왔다. 1964년에는 ① 북조선 혁명역량 강화 ② 남조선 혁명역량 강화 ③ 국제적 혁명역량 강화로 구성되는 '3대 혁명역량 강화' 노선을 주창했다. 이에 앞서 1960년 8월 15일 북한은 '남북연방제'를 제시했는데, 그 내용을 보면 통일은 평화적으로 외국의 간섭 없이 자주적이고 민주주의의 기초 위에 남북총선거에 의해 실현되어야 한다는 것이다. 아울러 연방제 통일을 위한 '최고민족위원회'의 설치를 제의하고 특히 '평화'에 기초한 '남북 평화공존'을 강조했는데, 이는 대한민국 국민을 유혹하고 이른바 '상층 통일전선'의 실천으로 제도권 계층의 호응을 유도하려는 것으로 보인다.

1972년 남북 간 7·4공동성명에 합의한 북한은 동同 성명의 '자주·평화·민족대단결'을 이른바 '조국통일 3대 원칙'이라 하여 '조국통일 3대 헌장'의 하나로 설정할 만큼 통일 노선의 금과옥조金科玉條로 중시하고 있다. 조국통일 3대 헌장은 "조국통일의 근본 원칙과 방도들을 전일적으로 체계화하고 집대성"한 것으로 자칭하는 ① 조국통일 3대 원칙(7·4공동성명) ② 민족대단결 10대 강령(1993년 4월) ③ 고려민주연방공화국 창립 방안(1980년 10월의 제6차 당 대회)으로 구성되어 있다.

북한의 '조국통일 3대 원칙(자주·평화통일·민족대단결)'의 속뜻은 한국의 해석과 판이하다. 예컨대 첫째 '자주'의 원칙에 대해 한국은 남북 당사자 간 한반도 문제 논의의 수단으로 이해하나, 북한은 외세 의존 및 간섭의 배제와 사대주의 철저 반대, 그리고 주한미군 철수를 그 주요 내용으로 제시한다. 그 중 핵심 사안은 주한미군 철수 문제라 할 수 있다. 주한미군 철수 문제는 북한의 대남전략 목표 중 전全 시기를 거쳐 가장 중요한 목표였다. 둘째 '평화통일'의 원칙에 대해 한국은 남북관계 정상화와 평화공존을 통한 민족공동체 통일을 강조한 데 반해, 북한은 반전 반미 주장과 함께 "민족해방을 위한 전쟁도 평화를 위한 것"이라는 북한 특유의 논리를 전개하는 한편, 남한에 연공정부 수립을 통한 '연방제 통일 방안'을 평화통일 전략으로 설정하고 있다. 셋째 '민족대단결'의 원칙에 대해 한국은 자유민주주의와 인권 존중의 기초 위에 민족화합을 이루자는 입장인 데 반해, 북한은 반미 자주의 연장선상에서 남북 간 민족단결을 주장하고 그 맥락에서 남한 내 친북단체의 합법화를 위한 '국가보안법 철폐'를 근본 문제로 표명하고 있다.

1980년 10월 10일 노동당 제6차 전당대회에서 북한은 그때까지의 '연방제 통일 방안'을 진일보시킨 '고려민주연방제'를 제시하고, '1민족 1국가 2체제 2정부'로 압축되는 최종적 통일 방안을 확립했다. 1970년대까지의 연방제에 비해 고려민주연방제안은 남북한이 연방 국가를 형성하는 통일의 완결된 형태로서의 연방제를 제시한 것이 특징이다. 그 주요 내용을 정리하면, 첫째 남한 사회에서 '민주화'라는 이름 아래 국가보안법을 비롯한 소위 '파쇼 악법'의 철폐를 주장하고, 둘째 통일혁명당을 비롯한 친북 세력의 자유로운 정치활동을 보장하도록 요구했으며, 셋째 남한 정권은 "인민대중의 의사를 대변하는 '민주정권'으로 대체되어야 한다"고 주장하고, 넷째 미국과 북한 간 휴전협정은 평화협정으로 대체되어야 하며 이에 따라 주한미군이 철수되어야 한다고 주장했다. 그리고 끝으로 미국의 "분열주의적 2개의 조선 조작책동"이 저지되어야 하고 "내정간섭"이 중단되어야 한다고 주장했다.

북한이 고려민주연방제안에서 주장한 이 다섯 가지 주장을 한국이 수용할 경우 대한민국의 공산화는 불가피하다. 따라서 북한의 의도는 남한을 먼저 공산화한 후 북한의 공산정권과 공산화된 남한을 연방제로 통일하려는 것임을 알 수 있다.

2. 1991년 김일성 신년사에 나타난 연방제의 변용(變容)

북한의 김일성은 1991년 신년사에서 1980년의 '고려민주연방제'를 약간 수정하여 통일 과정에서 잠정적으로 지역자치에 더 많은 권한을 부여하는 수정된 '연방제' 개념을 도입하기에 이른다. 2000년 6월 남북공동선언에서 명시된 '낮은 단계 연방제' 개념의 시작으로 볼 수 있다.

김일성은 1991년 신년사에서 "북과 남에 서로 다른 두 제도가 존재하고 있는 우리나라의 실정에서 조국통일은 누가 누구를 먹거나 누구에게 먹히지 않는 원칙에서 하나의 민족, 하나의 국가, 2개 제도, 2개 정부에 기초한 연방제 방식으로 실현되어야 한다"고 주장했다. 아울러 김일성은 "잠정적으로는 연방공화국의 지역자치

정부에 더 많은 권한을 부여하며, 장차로는 중앙정부의 기능을 더욱 높여가는 방향으로 연방제 통일을 점차적으로 완성하는 문제도 협의할 용의가 있다"고 선언했다. 이처럼 김일성이 1980년의 즉각적인 완성형 연방제론으로부터 일정 부분 단계적 연방제론으로 후퇴하는 모습을 보이자, 일부 전문가들은 '국가연합' 개념의 도입에 대해 지나친 해석을 하게 되었다.

여기서 국가연합과 연방제는 그 성격상 엄밀히 구분된다. 국가연합은 구성된 정치체의 주권을 모두 인정하는 것임에 비해, 연방은 중앙 연방정부에 단일한 주권을 부여하기 때문이다. 1991년 김일성의 지역자치 정부 권한 강화 발언은 단지 북한의 '고려연방제' 통일을 달성하기 위한 '과도기적' 단계로서, 당시의 대내외적 상황을 고려해 전략적으로 '연방'의 강도를 낮춘 것일 뿐, '연방제 통일'의 근본 원칙과 목표가 변한 것으로는 결코 볼 수 없다.

그러므로 김일성 신년사를 통해 '1민족 1국가 2체제 2정부'를 기본 틀로 하는 북한의 연방제 통일안이 수정된 것이 아니라는 데 주의해야 한다. 특히 6·15공동선언 제2항을 통해 남북 간 "낮은 단계 연방제 통일"에 대한 합의가 이루어진 후, 북한은 남한이 북한의 연방제 통일안에 동의한 것으로 선전하고 연방제 통일안의 정당성을 선동하는 데 전력을 기울이고 있다. 6·15남북공동선언 직후인

2000년 10월 6일 안경호 조평통 서기국장은 "낮은 단계 연방제안은 1민족 1국가 2제도 2정부 원칙에 기초하고 있음"을 분명히 했으며, 이후 북한은 지속적으로 "연방제 통일이야말로 …… 최선의 통일 방도"이며 6·15남북공동선언이 "북과 남이 연방제 통일을 지향해나갈 것을 밝히고 있다"고 주장해오고 있다.

3. 민족해방 인민민주주의 전략

한편 북한의 대남혁명전략의 핵심은 '민족해방 인민민주주의' 전략으로 구체화되어왔으며, 이 역시 '연방제 통일'로 귀결되고 있다. 북한에 있어 통일은 "미 제국주의자들로부터 남조선을 해방하는 '민족해방 National Liberation '"의 과제와 "남반부 인민들을 착취계급에서 해방시키는 '인민민주주의 People's Democracy ' 혁명 Revolution "의 과제로 구성된다.

그 핵심 내용을 보면, 1단계로 먼저 남한에서 '미제美帝'를 축출하고, 남한의 파쇼 정권을 타도한 다음 '민족자주' 정권을 수립함으로써 민족해방 민중민주주의 혁명을 완수한다는 것이다. 이를 통해 남한에서 '자주적 민주정권', 즉 연공 (공산) 정권 수립을 기본 목표로 하고 있음을 알 수 있다. 이어 2단계로 북한과 연방제 통일을 한 다음 사적 소유 철폐와 프롤레타리아 독재권력 수립을 내용으로 하는 본격적인 사회주의 혁명을 진행한다는 것이다.

따라서 북한의 연방제는 기본적으로 남한 내 용공정권을 수립해 그 용공정권과 연방제를 통해 평화적으로 한반도를 공산화하겠다는 전략으로 분석된다. 북한이 주장하는 '평화통일'의 의미는 바로 '민족해방 인민민주주의 전략'을 통한 '연방제 통일'을 의미한다. 1977년 12월 평양을 방문한 동독 공산당 서기장 호네커[Erich Honecker]에게 김일성은 이렇게 말했다.

"남한에서 박정희 같은 사람이 정권을 잡지 않고 정당한 민주인사가 정권을 잡는다면 그 사람이 반공주의자일 수도 있겠지만 어쨌든 그런 사람이 권력을 잡는다면 통일의 문제는 풀릴 수 있을 것입니다. 남한에서 민주인사가 권력을 잡으면 조선의 평화통일은 이루어질 수 있습니다. 남한에서 민주적인 상황이 이루어진다면 노동자와 농민이 그들의 활동을 자유로이 할 수 있을 것입니다. 외국 군대는 물러가야 합니다. 남한 민중이 그들의 길을 스스로 선택할 수 있을 때 그들은 사회주의의 길을 선택할 것입니다."

김일성은 남한이 민주화되면 반공주의자가 집권해도 노동자와 농민들의 활동이 자유로워지므로 대남공작에 유리하고, 특히 남한 사람들 손으로 주한미군을 철수시키게 될 것이라고 전망했다. 곧 북한은 대한민국이 미국과 일본과의 연계가 끊어질 경우 특히 한미동맹이 와해되고 주한미군이 철수하게 될 경우 "갓끈이 떨어진 갓 모양"이 되어 "조금만 바람이 불어도 날아가버리는 가엾은 신세"가 될 것(황장엽의 김일성 언급 증언)으로 파악했다. 그러므로 북한의 연방제 통일안은 통일정책이 아니라 대남적화전략을 위장하기 위한 전술이다. 연방제의 목적은 '주한미군 철수와 한미동맹 와해'에 있다.

한편 이 같은 평화적 적화赤化가 여의치 않을 때에는 남한 내 혼란을 조성해 무력으로 한반도를 공산화하겠다는 의미도 포함되어 있다. 이 경우 연방제는 남한에서 내분과 내란을 일으켜 무력적화통일의 구실을 만들기 위한 것임을 알 수 있다. 남한 내 폭동을 일으킨 뒤 남한 내 애국자들을 돕는다는 구실로 무력 남침하겠다는 의도로 북한이 주장해온 것이 바로 연방제이다.

Ⅱ. 6·15공동선언과 연방제 통일 방안

1. 6·15공동선언에 나타난 '낮은 단계 연방제' 통일 방안의 위헌성

2000년 6월 15일 남북정상회담에서 합의된 6·15공동선언 제2항은 "남과 북은 나라의 통일을 위한 남측의 연합제안과 북측의 낮은 단계의 연방제안이 서로 공통성이 있다고 인정하고 앞으로 이 방향에서 통일을 지향시켜나가기로 했다"고 기술하고 있다.

이 조항은 비록 '낮은 단계의'라는 수식어가 붙기는 했지만, '연합제안'과 북한의 적화통일 방안인 '연방제'와 공통점이 있으며 그 방향으로 통일을 추진하기로 합의한다는 것을 선언함으로써 북한의 적화통일 방안을 수용하고 있다는 점에서 '자유민주통일'을 규정한 헌법을 위반하고 있다.

한편 북한의 대남전략 차원에서 6·15공동선언 제2항은 남한으로 하여금 "낮은 단계의 연방제 통일"을 공식 수용하게 하고 이를 한국 사회의 전국적 범위에서 통용되도록 하여, 연방제를 전파·확산시키는 결과를 가져왔고, 결국 대한민국의 '자유민주적 기본 질서'를 근본적으로 위태롭게 하고 '자유민주주의' 이념적 체계에 일대 혼란을 야기했다.

특히 제2항에 명문화되어 합의된 '낮은 단계의 연방제 통일'은 북한의 연방제 적화통일 전략의 중요한 단계로서, 앞에서 언급한 '민족해방 인민민주주의 전략' 실현을 위한 핵심 과정임을 알 수 있다. 그 근거를 찾아보면, 북한의 대남 선전매체 '반제민전'은 2005년 7월 17일 작성된 "낮은 단계 연방제 진입 국면, 민족민주 세력은 무엇을 해야 하는가"라는 문건에서 "노무현 정권하에서는 낮은 단계의 연방제가 수립될 수 있고, 향후 민주노동당 집권을 통해 자주적 민주정부가 들어서야 고려연방공화국이 건설될 수 있다"고 주장했다.

특히 "지금 시작되는 낮은 단계 연방제 단계는 이남에서 자주적 민주정부 수립을 준비하는 단계이기도 하다. 이남에 자주적 민주정부가 들어서야 고려민주연방공화국이 건설될 수 있다. 민주노동당 정권이 수립되었을 때 민족통일기구는 명실상부하게 정부 정당사회단체들을 망라한 민족통일전선으로 최종 완성될 것이다. 그러면 민족통일기구는 곧바로 고려민주연방공화국 건설에 돌입할 것이며, 짧은 기간 내에 그 사업을 결속 지을 것이다. 이 모든 과정, 즉 자주적 평화통일을 완수하는 과정은 자주적 민주정부 없이는 불가능하다"라고 주장했다.

'반제민전'이 주장하는 "낮은 단계 연방제 → 자주민주정부 수립 → '연방제' 이름하에 민족통일기구 설립 → 고려민주연방공화국 건설" 돌입 주장은 결국 북한이 추구하는 통일전선전략의 두 가지 곧 ① 무력통일 전략과 ② 평화통일 전략 중 두 번째인 '평화통일 전략'과 동일한 것으로 볼 수 있다. '자주적 민주정부'라는 명분 아래 남한에 친북 또는 연북 정권이 출현하게 하여, 최종적으로 고려연방제에 의해 한반도를 통일하려는 전략은 앞서 언급한 북한의 "민족해방 인민민주주의 혁명전략"과도 일치한다.

북한에서 주장하는 "낮은 단계 연방제"는 대한민국의 '민족공동체' 통일 방안의 한 단계인 '남북연합'과 근본적으로 다르다는 것을 인식해야 한다. 북한의 연방제 통일 방안은 연방 형태를 유지하며 '1민족, 1국가'라는 논리에 따라 한국 사회를 적화시키는 데 목표를 두고 있다. 대한민국의 '민족공동체 통일 방안'에 제시된 '① 화해협력 – ② 남북연합 – ③ 국가통일' 로드맵에서 '남북연합'은 북한이 주장하는 연방제상의 '1국가' 개념이 아니며, 남북을 별개의 주권국가로 보는 '국가연합' 개념도 아닌, 남북 특수 관계에 입각한 '평화공존을 통한 사실상의$^{de\ facto}$ 통일 실현' 성격의 개념임에 유의할 필요가 있다.

한편 북한의 고려연방제는 통일을 이루기 위한 전제조건으로 남한의 국가보안법 폐지, 주한미군 철수, 공산주의 합법화, 남한 내 '인민민주정권' 수립 등이 충족되어야 한다고 주장하고 있어 김정일 정권의 남한 무장해제를 통한 '적화통일' 의도를 분명히 하고 있는 것이 특징이다.

2. 6·15공동선언을 대남전략으로 활용하는 북한

엄밀히 말하면 북한의 '연방제'는 통일 방안으로 볼 수 없다. 연방제란 미합중국의 경우에서 볼 수 있듯이 중앙정부가 군사 외교 권한을 행사하고 2개 이상의 지방정부가 자치권을 보유하되, 주권과 통치권은 중앙의 단일정부에 집중되는 제도를 의미한다. 미국(미합중국)이 대표적인 연방국가로서 그 특징은 ① 국가 이념이 동질화되어 있어야 하며 ② 군사 외교 안보 권한이 중앙정부에 귀속되는 만큼, 군대의 통합과 일사불란한 군사지휘체계가 필수적이다. 한반도에서 '(남북)연방제'의 실현이 불가능한 이유는 남북한이 무력대치하고 있고 남한의 자유민주체제와 북한의 유일수령체제가 이념적으로 결코 융합될 수 없는 근본적인 차이를 보이고 있기 때문이다.

그러므로 체제와 이념이 다른 남북한의 '연방제' 통일은 현실적으로 불가능하다. 북한의 '연방제'는 통일 방안이라기보다는 대남 교란 목적의 선전선동용 슬로건으로밖에 볼 수 없고, 무엇보다도 '미군 철수'를 목적으로 하고 있음을 통찰할 필요가 있다. 북한 스스로도 연방제 통일이 실제 가능하다고 믿지 않는다. 만약 연방제가 선포되면, 로드맵에 따라 '최고민족회의'가 전권을 장악해 통일을 선포하게 되고 이에 따라 외국군의 철수가 불가피하게 된다. 북한이 노리는 것이 바로 이 점이다. 그러므로 북한의 '연방제 통일' 주장은 대남적화혁명을 달성하기 위한 수사적修辭的 선동에 불과하다.

북한이 '연방제 통일'을 지속적으로 주장하는 이유는 '연방제 통일'을 선동해 남한의 대북 경계심과 안보방위태세를 해체함으로써 북한 주도로 적화통일을 달성하겠다는 목적을 갖고 있기 때문이다. 구체적으로 '연방제 통일' 선동을 통해 '주한미군 철수'와 '국가보안법 폐지'를 달성하여 남한을 군사적으로(주한미군 철수를 통해) 그리고 사상적으로(국가보안법 폐지를 통해) 무장해제함으로써 결정적 시기에 북한 주도의 통일을 달성하겠다는 전략이다. 결국 북한의 연방제는 적화통일을 위한 수단에 불과하다는 것이 전문가들의 일치된 견해이다.

북한은 2000년 남북정상회담에서 6·15공동선언에 의해 '낮은 단계 연방제' 통일을 명시하기로 합의하는 데 성공한 이후 '6·15 공동선언 이행'을 체제 유지의 중요한 수단으로 활용해왔으며, 이에 따라 남한 내 친북단체들도 '6·15공동선언 이행'을 2000년 이후 가장 중요한 사업 과제로 설정해왔다. 6·15 정상회담 이후 '민족대단결'을 부각시키며 6·15공동선언에 명시된 "우리 민족끼리"라는 표현을 대남전략전술의 기본 노선으로 활용하면서 남한 내 친북·반미 전략을 공식화했다. 아울러 북한은 6·15공동선언과 함께 7·4공동성명에 명시된 '민족대단결', '자주통일', '평화통일' 슬로건을 대남전략 전면에 내세우고 있다.

북한은 2006년 신년 공동사설에서 "우리 민족끼리 기치 높이 자주통일, 반전평화, 민족대단합의 3대 애국운동을 힘 있게 벌여나가자! 이것이 올해에 조국통일운동에서 들고 나가야 할 구호"라고 강조한 바 있다. 또한 2008년 9월 5일 북한 수립 60돌을 앞두고《로동신문》,《민주조선》에 게재된 '담화'에서 "역사적인 6·15북남공동선언과 10·4선언에 대한 입장과 태도는 북과 남의 화합과 대결, 통일과 분열을 가르는 시금석"이라며, "북과 남, 해외의 온 겨레는 민족자주의 원칙에서 민족적 단합을 이룩하고 반통일 세력의 온갖 책동을 짓부수며 우리 민족끼리 서로 힘을 합쳐 기어이 조국통일 위업을 실현해야 한다"고 주장하기도 했다.

또한 북한은 2007년 10월 10일 조선중앙통신 "메히꼬 정당, 단체들 고려민주련방공화국 창립 방안과 10·4선언을 지지"라는 기사에서 "고려민주련방공화국 창립 방안과 력사적인 10·4선언을 지지하여 메히꼬 정당, 단체들이 2일 공동성명을 발표했다"고 하면서 "고려민주련방공화국 창립 방안에 따라 6·15북남공동선언과 10·4

선언의 기치 밑에 민족의 자주적 평화통일을 이룩하기 위한 조선인민의 투쟁을 힘 있게 지지 고무할 것을 호소했다”고 주장했다.

결국 북한은 6·15공동선언과 10·4남북선언을 한반도 공산화 전략인 '고려민주련방공화국 창립 방안'을 이행하기 위한 도구로 삼고 있음을 알 수 있다.

3. 연방제 통일 방안의 핵심은 주한미군 철수

한편 북한은 연방제 통일 방안에 내포된 주한미군 철수 주장을 평화체제 구축 주장과 함께 구체화하고 있는 것이 특징이다. 북한은 현 한반도 정전협정 및 정전체제를 '불완전'하다고 주장하면서 한반도의 평화를 위해 '평화협정 체결'을 통한 '평화체제 구축'을 주장하는데, 문제는 북한이 평화협정 체결 및 평화체제 구축의 조건으로서 '주한미군의 철수'를 강력히 주장하고 선동하고 있다는 것이다.

이는 한반도 남북한 간 군사 불균형 상태를 고려하여 먼저 주한미군을 철수하도록 유도한 후 한반도 적화통일을 실현하려는 전략임을 알 수 있다. 북한의 '연방제 통일' 선동은 바로 이러한 대남 혁명전략을 완수하기 위한 수순이다.

평화협정 체결과 관련한 북한의 '주한미군 철수' 주장을 구체적으로 보면, 북한은 지금까지 "주한미군 철수가 평화수호의 근본

조건"이라면서 "평화체제의 전제조건은 주한미군 철수"라고 주장하고 있다. 곧 북한은 '평화협정=주한미군 철수'라는 등식을 제시해왔는데, 2007년 9월 7일《로동신문》은 "미국은 남조선 강점 미군 철수 용단을 내려야 한다"라는 논평에서 "북남北南 관계가 호전되고 조선이 통일되면 미군이 남조선에 남아 있을 구실이 없어진다"라고 지적하면서 미국이 "미조美朝 적대관계에 종지부를 찍기 위한 방도를 연구"하고 있거나 "조선반도 평화체제 구축을 모색"하고 있는 것이 사실이라면 "미국이 미군을 남조선에 영구 주둔시키려 할 필요가 없을 것이다"라고 주장했다. 이날의《로동신문》논평에 의하면 '한반도 평화선언과 평화체제 구축은 곧 주한미군 철수'를 의미한다.

결국 '자주평화통일', '주한미군 없는 평화협정', '낮은 단계 연방제'를 선동하는 북한의 의도는 '평화체제→미군 철수→낮은 단계 연방제 진입'을 목적으로 하고 있음을 알 수 있다.

Ⅲ. 연방제 통일 방안 경계해야: 자유민주통일이 유일한 대안

민족과 국토를 통일해야 하는 당위성은 재론의 여지가 없다. 그러나 통일은 어떤 통일이냐가 중요하다. 예컨대 북한 공산독재가 추진하는 '연방제-적화' 통일이 이루어진다면 대한민국의 멸망과 민족자유·민족자존의 소멸, 그리고 노예화의 굴종이 기다리고 있을 뿐이다. 그러므로 무조건 "통일이면 된다"는 '통일지상주의'는 매우 위험천만한 통일 인식이다.

이와 같은 상황에서 연방제-연합제 통일을 규정한 6·15공동선언을 외치면서 북한과의 '합의 통일'을 주장하거나 탈^脫이념적이고 혼합체제적인 '중도 성격'의 통일을 주장하는 좌우합작 세력은 진정한 통일 세력이라고 볼 수 없다. 이들은 말로는 '통일'을 부르짖고 있으나, 그 내용과 효과 면에서 통일을 방해하고 있다.

결국 헌법에 명시된 대로 대한민국의 자유민주체제를 중심으로 하는 통일을 추구하는 세력이야말로 진정한 통일 지향 세력이다. 또한 현실적 측면에서 통일 여건을 고찰해볼 때도 한미동맹하에서의 자유민주통일이 가장 가능성이 높은 통일 방식이다.

1. '합의 통일'의 현실적 한계

한국의 통일 논의는 6·25전쟁 이후 무력에 의한 '북진통일론'이 주류를 이루었다. 그러다가 1960년대부터 1990년대 초에 이르기까지 한국은 북한과의 '평화공존'정책을 추진했다. 이 시기에 나타난 남북공존정책은 '공존' 자체가 목적이라기보다는 당시 경제, 군사 등 모든 측면에서 우위였던 북한과의 관계를 안정시켜 대한민국의 국가 발전을 기하기 위한 전략적 슬로건이었다.

1980년대 말 제시된 '민족공동체론' 역시 장기적으로 통일 실현을 위한 외교적 명분 또는 수사^{rhetoric}에 불과했다. 1989년에 제시된 이후 1994년에 수정·보완된 '한민족공동체'안은 방안 내용 그대로 통일을 추진하기보다는 북한의 '연방제' 통일 공세에 대한 대응과 홍보 차원에서 마련된 것으로 볼 수 있다. '한민족공동체' 방안은 '① 화해·협력 – ② 남북연합 – ③ 통일국가'의 3단계 로드맵을 제시하고 있다. 이와는 대조적으로 실제적인 통일정책과 전략에 있어서 한국 정부는 한미동맹을 토대로 '작계 5029'를 중심으로 북한 유사시에 대비한 통일 방안과 전략을 마련해왔다.

한편 김대중 정부는 2000년 남북정상회담을 계기로 6·15공동선언을 앞세워, ① 자주·민족 ② 연합제-연방제 통일 ③ 남북 '공동 발전' 및 '균형 발전' 등을 명실공히 대북정책 및 전략으로 확정하고 추진했다. 그러나 이러한 통일 방안은 남북이 무력 대치하고 있는 상황에서 매우 위험한 요소를 안고 있다.

앞에서 분석한 바와 같이 북한은 무력적화전략과는 별도로 남한에 대해 '민족해방 인민민주주의 혁명' 전략을 추진하고 있다. 남한에 먼저 '자주민주정부'(친북 연공정권)를 수립하고, 이 정권과 합작해 통일을 실현한다는 평화적 적화 전략이다. 이렇게 볼 때, '6·15 선언'에 입각한 '연방제 통일' 추진이야말로 북한의 대남전략에 말려드는 위험과 우(愚)를 범할 가능성이 높은 것이다.

통일 방안이란 정책상 제시된 수사적 슬로건일 수도 있고, 통일의 원칙과 구도를 장기적으로 제시한 로드맵일 수도 있다. 그러므로 실제 통일은 통일 방안과 별개의 문제라 할 수 있다. 또한 정부의 공식 통일 방안이란 것도 특정 대통령과 행정부에 따라 달라지는 모습을 보여왔다.

그러나 어떠한 특정 행정부의 공식 통일 방안도 대한민국 헌법의 범주를 벗어날 수는 없다. 이런 점에서 6·15공동선언에 명시된 '연합제-낮은 단계 연방제' 통일을 추진하는 것은 '남북 화해·협력'이라는 명분 아래 대한민국 헌법을 위반하는 것임에 주목할 필요가 있다.

분단체제 간 합의 통일은 통일 과정과 통일 이후의 헤게모니를 둘러싼 투쟁을 해결하고 합의에 도달해야 하는 어려움 때문에 매우 어렵고 위험한 과제가 아닐 수 없다. 합의 통일이 실현되기 위해서는 대립하는 두 체제 간 ① 상호 신뢰의 완벽한 구축 ② 무장武裝 대치 해소 ③ 통일 방법과 절차에 대한 합의(곧 기득 권력 헤게모니의 포기)가 먼저 이루어져야 한다.

한반도의 현 상황에서 이를 기대하는 것은 비현실적이며 불가능에 가깝고, 때로는 우리 체제의 안보에 심각한 위협과 도전을 가져올 수 있다는 점에서 위험하다. '합의 통일'을 시도했으나 실패하여 결국 내전을 통해 무력통일된 예멘의 사례는 우리에게 중요한 교훈을 제공해주고 있다.

남북 '합의 통일'을 불가능하게 하는 요소로서 다음과 같은 것들을 들 수 있다. ① 북한의 유례없는 주민압제체제 ② '선군정치'를 중심으로 한 극도의 군사·병영체제 ③ 북한의 대남전략 불변 ④ 남북 상호신뢰의 결여 ⑤ 비무장지대에서의 중重무장 군사 대치 ⑥ 북한의 핵무장 ⑦ 국가보안법 폐지와 주한미군 철수를 목표로 한 대남 선전공세 등이다.

결국 '합의 통일'을 추구하는 대북·통일 정책이 얼마나 위험천만하며, 이러한 정책적 오류가 자칫 커다란 민족적 재앙을 불러올 수 있음을 인식할 필요가 있다.

2. 한국 내 연방제 통일 세력의 부상과 확산

한반도에서 반통일 세력이란 대한민국 중심의 자유민주통일을 반대하고, 북한 중심의 '연방제' 통일이나 중도적 입장에서의 '혼합체제'적 통일을 주장하는 세력을 말한다. 왜냐하면 이러한 통일 방식들은 대한민국의 국체國體상 용인될 수 없고, 또 정치 이데올로기의 성격상 그 실현이 불가능하기 때문이다. 이 중 가장 대표적인 반통일 세력은 '민족'을 슬로건으로 북한의 통일정책과 같은 입장에 서 있는 '연방제 통일' 세력이다.

이들은 내부적으로 국가보안법 폐지 또는 핵심 조항의 수정을 통해 자신들의 사고와 활동을 합법화하려 시도하고, 대외적으로는 '전시작전통제권'의 단독행사를 실현하여, 한미연합사를 해체하고 궁극적으로 주한미군 철수를 시도해왔다.

분단과 통일에 대한 인식에 있어 이들은 한국의 정상적인 국민들의 인식과 그 궤를 달리한다. 이들은 분단의 원인을 미국의 '제국주의적인 대외정책'과 미군정에 돌리고, 6·25전쟁도 '한반도의 내부적 갈등' 차원에서 그 기원을 찾으려 시도한다. 6·25전쟁을 '한국 근대사의 사회경제적 모순 속에서 배태되어 항일독립운동 기간을 거쳐 해방 이후 가시화된 좌우이념 대결 끝에 발발한 내전의 한 형태'로 파악하고 있다. 강정구 등의 반미·좌파 학자들이 한국전쟁을

'내전'이라는 전제하에 일종의 '인민해방전쟁', '민족해방전쟁' 또는 '통일전쟁'이라 보는 것도 이런 맥락이다.

'연방제 통일' 슬로건으로 위장한 반통일 세력은 어떤 목표를 가지고 있는가? 지금까지 표명된 이들의 주장과 행적으로 판단할 때, 분명한 것은 이들이 대한민국의 정체성(자유민주주의·자유시장경제)과 정통성(한반도의 유일 합법 정부)을 부정하고, 한미동맹을 이탈해 '민족·자주'를 명분으로 삼아 자유민주주의 이념을 벗고 북한과의 연방제 합의 통일을 적극 지지·추진하고 있다는 점이다.

이는 현 한반도 정세에 비추어 매우 위험한 태도라 아니할 수 없다. 무엇보다 북한이 '민족해방 인민민주주의 혁명'을 통한 한반도 공산화 통일 대남전략을 변화시키지 않고 있기 때문이다. 이들 반통일 세력과 북한 간의 '이념적·전략적' 연계가 주목 대상으로 떠오르는 것은 이 때문이다.

곧 북한 대남적화전략의 '중간中間 단계'라고 할 수 있는 '남북연방제' 통일 방안에 대해 친북·반미 세력이 화답하고 있다는 데 그 본질적인 문제가 있다. 앞서 언급한 바와 같이 북한은 무력적화전략과는 별개로, 평화적 방법으로 남한 자체에 의한 '연공連共 정권' 내지 '용공정권'을 먼저 수립하고, 이 정권과 합작合作 통일을 실현하려 한다. 따라서 남한의 내부 모순을 극대화·첨예화하여 반자유민주, 반미 통일전선을 형성하고, 궁극적 적화통일로 나아간다는 전략이다. 예컨대, 북한이 제시한 '남북 연방제'의 전제조건에 ① 주한미군 철수 ② 국가보안법 폐지 ③ 미북평화협정 체결 ④ 불가침 협정 등이 포함되어 있는 점이 이를 뒷받침하고 있다.

전략·전술 면에서 볼 때, '연방제' 반통일 세력은 '6·15공동선 언'을 '민족·자주' 통일을 위한 기본 준거로 신봉하면서 활용하고 있다. 그리하여 '통일·민족·자주'를 중심 슬로건으로 '연합제-낮 은 단계 연방제'를 목표로 하면서, 구체적으로 ① 친북·좌파 세력의 재집권을 통한 '자주 민주' 정부 수립 ② 국가보안법의 무력화無力 化 ③ '전시작전통제권'의 단독행사 관철로 국가안보장치 없는 '한 반도 평화체제' 실현 ④ 주한미군 기지 이전 및 FTA 반대 등 반미 선 전·선동과 궁극적으로 주한미군 철수 기도 등을 추진하고 있다.

이렇게 볼 때, 우리가 당면한 위협은 북한뿐 아니라 북한의 대 남선동에 동조하는 종북·반미 세력임을 알 수 있다. 종북·반미 세 력이 상기 주장으로 대한민국의 국가안보를 약화시켜 북한의 전쟁 야욕을 부추긴다고 볼 때, 이들이야말로 진정한 전쟁 세력이다. 같 은 의미에서 진정한 평화 세력은 북한과 종북·반미 세력의 위협과 위험을 경고하고 국가안보의 중요성을 강조함으로써 전쟁을 사전 에 예방하는 안보 세력이 아닐 수 없다.

3. 자유민주통일을 위하여

북한이 2차에 걸친 핵실험을 통해 핵무장 완성에 바짝 다가서고, 6자회담이 북한의 '핵 포기'를 유도하는 데 사실상 실패하고 있는 상황에서, 한국이 '남북 교류'의 확대에 집착할수록 통일과는 거리가 멀어진다. 북한 주민을 탄압하고 통일을 방해하는 수령 독재를 사실상 지원하는 결과가 되기 때문이다. '접촉 확대를 통한 북한 변화' 슬로건도 이제 더 이상 아무런 의미를 갖지 못하고 있다. 김정일 정권의 외부 효과 차단 정책 때문이다. 차라리 '대북전단 날리기' 운동이나 라디오 보급과 같이 실제적으로 북한 주민을 도울 수 있는 사업이 절실히 필요해지고 있다.

이제 통일정책과 대북정책에 있어 원칙을 확고히 세워야 할 때가 되었다. 이런 점에서 '자유민주통일'이 왜 타당하고 불가피한 원칙인가를 다시 한 번 되새겨볼 필요가 있다.

첫째, '자유민주주의-자유시장경제'에 대한 세계사적 검증으로 이념적 정당성을 확보했기 때문이다.

둘째, 본질적으로 상이한 두 정치이념·정치체제를 중간 단계로 수렴한다거나, 양자를 적당히 혼합해 통합한다는 것은 현실적으로 불가능하기 때문이다.

셋째, 건강하고 합리적인 이념·체제를 확대·확산해, 병들고 불합리한 이념·체제를 흡수·통합하는 것이 유일한 '문제 해결', 곧 '통일'의 길이기 때문이다. 이는 인간의 정신세계뿐만 아니라 물리적 차원에서도 증명된 바 있다.

넷째, 민족의 통일과 번영, 북한 주민의 구원과 해방, 한반도 영토 통일의 관점에서 '자유민주통일'만이 국제 사회의 공인을 얻어 통일을 성공적으로 실현할 수 있는 유일한 대안이기 때문이다.

그러므로 우리의 분명하고도 일관된 통일 원칙은 헌법에 명시된 대로 '자유민주통일'이 되어야 한다는 것이다. 곧 '자유 민주' 이념을 견지하여 북한을 자유체제로 해방하는 통일이어야 한다는 것이다.

이를 위해, 대한민국이 한반도의 유일한 합법 정권임을 확고히 하고, 한반도의 지정학적 역학 관계를 고려해 한미동맹의 토대 위에 통일을 이룰 수 있다는 사실을 분명히 인식해야 할 것이다.

도덕적으로나 현실적으로나 이러한 타당한 통일 인식을 가진 세력이 진정한 의미에서 '통일 지향 세력'이며, 따라서 이들이 통일의 주체가 되어야 할 것이다.

대한민국 주도의 '자유민주통일'을 실현하기 위해서는 먼저 남한 내에서 부상하고 있는 '6·15공동선언'에 입각한 '연합제-낮은 단계 연방제' 통일 시도를 저지해야 한다. 그리고 무엇보다도 첫째 남한 내 '통일·민족' 중심의 환상과 열기, 둘째 설익은 한반도 평화체제와 주한미군 위상 변경 논의, 그리고 셋째 한반도 통일에 관한 남북 간 비밀 합의를 경계해야 한다.

'평화체제' 수립과 '연방제 통일'로 이어지는 일련의 '합의 통일' 시나리오는 한국 내부에서 언제라도 표면화될 수 있는 중대한 '정치적 이슈'이다. 앞서 언급한 바와 같이, 연방제 통일 논의는 헌법 제3조, 제4조에 위배될 뿐만 아니라, 남북이 군사대치하고 있는 한반도 현실에 비추어 통일은 차치하고 국가안보만을 훼손할 우려가 크다.

남한 사정이 복잡한 와중에 북한 역시 '체제 와해' 과정이 가속도로 진행되고 있다. 북한 체제의 위기는 일종의 '관리 위기 management crisis'로서, 내부 치안·질서의 붕괴로부터 시작될 가능성이 높아 보인다.

북한 체제가 고도의 '병영체제'라는 점을 감안할 때, 북한이 붕괴하면 극도의 혼란과 유혈사태가 일어날 가능성이 높다. 극단적인 경우, 각 군부대 간 내전 형태의 무력 충돌이 발발할 가능성도 배제할 수 없다. 문제는 중국의 개입 가능성이다.

북한이 붕괴 조짐을 보이기 시작하면 한국 정부는 대외적으로 '하나의 한국 One Korea' 정책을 천명하고, 북한이 대한민국의 불가분의 주권 지역이자 한국의 영토임을 명확히 하면서 주변국의 북한 지역 개입 및 간섭 불가를 요구해야 한다. 아울러 이를 국제적으로 승인·보증받기 위해, 미국 및 유엔과 외교적 협의에 나서야 한다. 이 경우, 헌법 제3조 '영토 조항'이 통일을 위한 강력한 준거準據가 될 것임은 의문의 여지가 없다.

북한 체제가 붕괴할 경우, 북한 지역 내 인명 피해를 줄이고, 대량살상무기WMD를 수거하며, 치안과 질서 유지를 위해 ① 1차적으로는 '인도주의적 명분'과 ② 2차적으로는 '한민족 통일'의 명분을 내걸고 한미 연합군이 군사적으로 개입하여 북한 지역을 접수하고 중국의 영향력을 막아내어 자유민주통일을 실현하는 시나리오가 가장 바람직하다. 이는 곧 '작계 5029와 5030'을 확인·강화하는 것이며, 한미동맹이 필수적 토대가 된다.

더욱이 이 시나리오는 헌법 제3조와 제4조를 근거로 하고 있어, 대한민국의 국가 목표와 국가 정체성 및 정통성에 부합한다. 향후 이 시나리오를 선택하고자 하는 한국 정부의 입장과 의지가 가장 중요하다.

그럼에도 지난 좌파 정권은 "북한을 자극할지 모른다"는 이유와 "5029 초안에 따를 경우 북한에서 정변이 발생했을 때 미군이 북한의 상황을 장악하게 되어 있다"는 이유로 북한 급변사태에 대비한 한미 양국의 '작전계획 5029'를 무력화시킨 바 있다. 북한 붕괴 시 한미 연합군의 북한 진입을 상정한 '작계 5029'를 '미군의 북한 장악'으로 단정한 것은 중대한 현실 왜곡이 아닐 수 없다. 미국은 지금까지 한미 연합군의 북한 진입 목적이 한국 주도의 자유민주통일에 있음을 분명히 해왔기 때문이다.

또 한미 연합군이 북한을 접수하는 경우에도 곧바로 통일로 이어진다고 보는 것은 속단일 수 있다. 제반 현실 여건을 고려해서 상당 기간 '군사계엄' 등의 특수 통치 형식을 통해 북한군의 무장해제, 치안 유지, 북한 주민에 대한 자유민주주의·자유시장경제 교육 등 일정 기간 동안 적절한 절차를 거쳐 통일에 이르게 될 것이기 때문이다. 이런 상황을 충분히 고찰한다면, 통일 비용이나 통일 후유증이 과대평가되었다는 것을 발견할 수 있을 것이다.

문제는 2015년 12월 1일로 예정된 한미연합사 해체와 전시작전통제권 전환 일정이다. 예정대로 한미연합사가 해체된다면 북한 붕괴 시 통일전략인 '작계 5029'가 사문화되고 새로운 작계를 만들어야 하기 때문이다.

Ⅳ. 소결론

분단 60년, 왜곡된 '통일 논리'가 횡행하는 한국 내부 상황과는 관계없이 '우리의 소원'인 '통일'의 기회는 날이 갈수록 성숙하고 있다. 그동안 우리는 통일을 열망해왔음에도 적절한 통일의 기회를 갖지 못했던 것이 사실이다.

북한이 지난 1990년대 중반 최대의 체제 붕괴 위기에 처함에 따라 통일의 결정적 기회가 찾아왔으나, 김대중 정부가 '햇볕정책'의 미명하에 김정일 공산독재 정권에 대한 지원정책을 추진함으로써 그 기회는 사라졌다. 김대중 정부에 의한 북한 정권의 회생回生은 북한 주민의 고통을 연장시키고, 더 나아가 대한민국의 국가안보마저 위협하는 비상 상황을 초래했다. 뿐만 아니라 남한 내에서 친북·반미·좌파 연방제 통일 세력이 부상해 국가관, 역사관, 세계관 등 여러 가치관이 전도顚倒되고 국가안보의 중심 토대인 한미동맹이 균열되어, 실로 6·25전쟁 이래 최대의 국가위기와 국난에 봉착해 있는 것이 오늘의 현실이다.

그러나 북한의 붕괴 위기는 체제 내재적이고, 체제 내 본질적인 모순의 불가피한 결과이다. 북한 지역에의 영향력 확대를 노리는 중국이 물적物的으로 지원한다 해서 해소될 성질의 것이 아니다.

따라서 북한 체제의 붕괴 위기는 날로 심화되고 있다. 물론 중국의 북한 체제 지탱 전략에 따라 남북 분단이 반半영구화되고 남북 간 긴장이 지속될 가능성도 배제할 수 없는 것이 현실이다.

다가오는 한반도 유사시에 대망의 통일을 실현하기 위해서는 자유민주주의의 보편적 원리를 신봉하는 진정한 통일 세력이 중심이 되어, 헌법과 국체에 위배될 뿐 아니라 비현실적이고 위험천만한 '연방제' 통일을 향한 반통일 세력의 기도를 먼저 저지해야 한다. 그리고 학술적 변설辨說에 지나지 않는 '통일비용론'이나 '조기통일 반대론'을 극복해야 한다.

다양한 통일 논의에도 불구하고 북한 체제 조기 붕괴의 불가피성과 한반도 통일의 시급성은 의심할 바 없이 확고하다. 동북아의 불안 요인인 ① 북핵 문제 해결, ② 북한 주민 인권 유린 해결, ③ 북한의 범죄행위 근절, ④ 한국의 국가안보 위협 제거 등을 근원적으로 타결하고, 이 지역의 안정과 평화를 기할 수 있는 유일한 대안이기 때문이다.

제6장
총괄 및 정책적 함의

허남성

KOREAN NATIONAL
SECURITY IN CRISIS

Ⅰ. 총괄적 논의

국가안보는 기본적으로 '위협'을 다루는 실천적 체계이다. 즉, 생명유기체로서의 국가의 생존과 안위를 위태롭게 하는 원인은 다양한 내부적·외부적 위협들인데, 이 위협들을 어떻게 제거하고 방지하고 통제·관리해서 국가라고 하는 생명체의 목숨과 건강성을 확보하느냐가 국가안보의 요체이다. 따라서 국가안보를 위해서는 무엇보다도 먼저 그 위협요소들의 실체가 무엇인지를 파악해야 하며, 아울러 그 대처 방안들을 강구해야 한다.

그런데 건국 이래 대한민국이 마주쳐야 했던 외부로부터의 침략이나 내부적 갈등·분란들의 근본적 원천은 바로 북한으로부터 비롯된 것이었다. 북한의 남침에 의한 6·25전쟁, 1·21청와대습격사건, 울진·삼척 무장공비 침투, 아웅산 폭파, 대한항공 여객기 폭파, 휴전선과 해안선 일대에 대한 수백 차례의 침투와 도발, 최근의 천안함 폭침과 연평도 포격에 이르기까지 북한은 지난 60여 년 동안 헤아릴 수 없는 대남 침략행위를 자행해왔다. 그런가 하면 국내에서는 소위 남조선 혁명을 목표로 끊임없는 지하당 조직과 암약은 물론, 친북·종북 단체들과 개인들을 배후조종해 대한민국의 자유민주체제와 시장경제 자본주의 체제를 전복하기 위한 다양한 반국가·반체제 활동들을 전개해왔다.

　오늘날 적지 않은 수의 국민들, 특히 2040세대 청·장년층을 중심으로 남북한 간의 민족공조와 평화공존이라는 이상적 슬로건에 경도되는 경향이 짙어지고 있다. 2040세대의 대부분이 좌파가 아니면서도 종북 좌파들의 반미 선동이나 정부 정책에 대한 무조건적 반대 선동에 쉽게 경도되는 것은 2040세대들이 사회 문제에 관해 문제의식이 강한 반면에 비교적 탈이념적이고, 개인주의적이며, 국가안보 문제의 중요성에 대한 관심이 저조하기 때문으로 풀이된다. 그리하여 그들은 부지불식간에 좌파 프레임의 덫에 쉽게 갇히게 된다. 오늘날 이러한 2040세대의 의식 구조는 여론 조성과 각종 선거 민심에 그대로 반영되고 있다. 그러나 분단 상태, 특히 상반되는 이념과 체제를 가진 남북한 분단 상황에서 유지되는 평화와 안정이 얼마나 항구적이며 온전한 것이겠는가? 그것은 단지 과도적이고, 임시적이며, 불완전한 평화와 안정일 뿐이다. 영구분단을 상정하지 않는다면 더욱 그러하다.

　그동안 우리의 대북정책이나 북한 문제에 대한 접근방식에서 적지 않은 시행착오와 난맥상이 드러났던 데에는 정책적 오류도 크게 작용했지만, 그 배경을 들여다보면 거기에는 보다 근원적 요인으로서 두 가지 2중성이 개재되어 있음을 알 수 있다. 하나는 '상황의 2중성'이고, 다른 하나는 '인식의 2중성'이다.

우선 상황의 2중성이란, 우리가 처해 있는 여건에 국제적 탈냉전 상황과 한반도의 냉전적 상황이 얽혀 있음을 의미한다. 국제적으로는 이미 1980년대 말부터 사회주의 진영의 와해로 말미암아 동서냉전체제가 붕괴되어, 극한적 대결과 갈등 대신 국제적 공조와 타협의 분위기가 증대되었다. 반면에 한반도 상황은 이념과 체제의 대립이라는 냉전적 구조가 여전히 지속되고 있다. 사실 탈냉전은 어느 한쪽의 이념 및 체제가 와해되어야 가능한 것인데, 국제적으로는 사회주의체제가 무너짐으로써 냉전이 종식된 반면에 한반도에서는 더 이상 사회주의일 수도 없는 김일성 왕조가 3대 세습과 대남 적화를 고수하는 가운데 남북 간 체제 대결적 냉전 상황이 지속되고 있다. 이러한 상황적 2중성 때문에 대북 접근과 정책을 놓고 국제적·국내적으로 혼미와 일관성 결여가 빚어지고 있는 것이다.

다음으로 인식의 2중성이란, 우리 국민과 정책당국이 북한을 어떻게 인식하는지에도 2중적 구조가 도사리고 있음을 의미한다. 즉, 북한은 타도해야 할 적인가, 아니면 끌어안아야만 할 동족인가 하는 점이다. 어느 한쪽이기만 하다면 그 방향으로 정책적 초점을 수렴하면 된다. 그러나 우리에게 북한이라는 존재는 적이면서도 동족이라는 점이 문제이다. 그 때문에 대북정책이나 국민 여론은 그렇게도 냉탕과 열탕을 오고가는 시행착오를 거듭했던 것이다.

그러나 우리가 감성적 또는 낭만적 민족주의만이 아니라 냉철한 이성과 현실주의에 입각해서 판단해본다면, 이러한 인식의 2중성으로 인한 정책적 혼란과 시행착오는 충분히 피할 수 있다. 김일성 왕조 일가 및 그 옹위 세력들로 구성된 북한 정권과, 그들의 전횡 및 핍박 아래 인간으로서의 기본적 인권은 물론 생존권마저도 박탈당한 채 짐승보다 열악한 삶을 영위하고 있는 일반 주민들을 분리해서 접근하자는 것이다. 전자는 타도해야 할 우리의 주적인 반면에, 후자는 우리의 자유 민주 울타리 안으로 포용해 함께 통일 선진대국을 건설해나갈 동족으로 간주해 대처하면 된다.

돌이켜보면 햇볕정책은 북한 정권과 주민을 분리하지 않은 채 맹목적이고 무조건적인 대북 지원을 함으로써, 오히려 북한 정권의 내구력을 강화시켰고 북한 주민들에 대한 김정일의 통제력을 증대시켜주었다. 그 결과 한국에서 지원된 현금은 핵무기를 포함한 북한의 비대칭 군사력 건설에 투입되어 한국의 군사안보를 위협하는 부메랑으로 되돌아왔으며, 쌀을 포함한 지원물자들은 체제 옹호 계층에게 선별적으로 우선 분배되어 그들의 충성도를 증강시킨 한편, 주민통제 수단인 배급제도를 강화시켜 주민들에 대한 김정일 일파의 통제력을 증대시켰다. 결국 햇볕정책은 북한 주민 해방의 날을

뒷걸음질치게 했고, 한국의 안보에 위해를 가한 반민족적·반역사
적 반역행위였던 셈이다.

그럼에도 불구하고 햇볕론자들은 그들이 평화를 일구어냈다
고 강변하며, 앞으로도 남북 간 평화를 위해서는 대규모 대북 지원
을 주축으로 하는 햇볕정책 복원이 불가피하다고 목소리를 높인다.
과연 그러한가? 그 평화는 누구를 위한 평화였던가? 그 평화는 북한
주민을 더욱 깊은 나락으로 떠밀고, 김씨 왕조와 그 옹위 세력들을
위기의 늪에서 건져 올린 평화였다. 그 평화는 한국 국민들이 북한
의 핵위협에 가위눌려 핵 인질이 된 상태로 감내해야 할 굴종적 평
화, 조공평화, 즉 가짜 평화의 미래 모습일 뿐이다.

2000년 6월, 남북정상회담을 마치고 성남비행장에 내린 김대
중 대통령의 제일성第一聲은 "이제 전쟁은 없다"였다. 1938년 9월,
뮌헨 회담에서 히틀러가 내민 문서에 굴종적 합의를 해주고 런던 공
항에 귀환한 체임벌린Neville Chamberlain 영국 수상이 그 문서를 흔들며
외친 제일성도 "우리 시대의 평화를 이루어냈다"였다. 그러나 그로
부터 꼭 1년 뒤에 히틀러의 폴란드 침공으로 제2차 세계대전이 시
작되어 인류는 미증유의 대량살상과 대량파괴를 겪고 말았다. 영불
연합국이 단호한 의지를 가지고 히틀러의 침략 의도를 초기부터 제
어했더라면 그러한 인류 참극은 막을 수도 있었다. 다행히 한반도

에 전쟁의 참화가 일어나지 않은 것은 6·15합의문서 때문이 아니라, 우리 국군의 건재, 그리고 특히 한미연합방위체제가 강력한 대북 억제력으로 작용해왔기 때문이다. 6·15합의가 이루어낸 유일한 성과는 한국인 최초의 노벨 평화상뿐이었다.

앞의 제2장~제5장에서 전문가들이 풀어낸 안보현안들의 분석과 평가를 여기서 되풀어 정리할 필요는 없을 것 같다. 다만 전시작전통제권 전환, 한반도 평화체제 논의, 연방제 통일 방안 등은 서로 분리된 사안이 아니기 때문에 북한의 대남적화전략이라는 큰 틀 안에서 유기적으로 접근해 그 실체와 문제점들을 분석해내야 하고, 그로부터 정책적 함의들을 살펴보아야 할 것이다.

북한의 헌법(북한에서의 명칭은 '김일성 헌법')에 의하면, 북한 정권의 존재 의의는 "주체혁명의 위업을 완성"하는 것이다. '주체혁명'이란 한마디로 한반도 전체에 주체사상을 이념으로 하는 김일성 왕조 독재국가를 완성시킨다는 의미이다. 북한에서 헌법보다도 상위개념인 노동당규약의 전문前文에서도 "온 사회의 주체사상화"를 주창하고, "민족해방과 민주주의 혁명" 수행을 독려하고 있다. 여기서 민족해방이란 남한에서 주한미군을 포함한 '미 제국주의 세력'을 축출하는 것이고, 민주주의 혁명이란 남한의 자유민주 정부를 타도하고 용공적인 민중민주주의 또는 인민민주주의 정권을 세우는 것을 의미한다. 그리하여 이 용공정권은 북한과 연계해 연방제 과정을 거치거나 아니면 곧바로 적화통일을 달성한다는 것이다.

북한이 한반도를 적화통일하는 데에는 두 가지 길, 즉 군사적 방법과 비군사적 방법이 있다. 군사적 방법이란 공산월맹이 무력남침을 통해 월남 전체를 적화통일한 것과 같은 방식이며, 6·25남침도 비록 실패했지만 똑같은 시도였다. 그런데 이 방법이 성공하려면 한미연합사 해체와 주한미군 철수, 그리고 한미군사동맹의 해체가 전제되어야 한다. 남북한 군대가 단독으로 맞붙는 상황이 되어야 그나마 승산의 가능성을 엿볼 수 있기 때문이다. 그런데 노무현 정권은 '군사주권의 환수'라는 교묘하고도 거짓된 용어를 내세워 전시작전통제권 전환을 추진했고, 이는 한미연합사 해체를 노린 것이었다. 즉, 전시작전통제권을 한국이 전환받으면 한미가 전시작전통제권을 공유하고 있는 체제인 한미연합사는 그 즉시 해체되며, 한미연합사가 해체되면 공동작전계획에 의해 한반도 유사시 자동개입하게 되어 있는 미 증원 전력은 의회의 승인이 있어야만 개입할 수 있게 된다. 또한 한미연합사가 해체되면 미국은 한국 방어의 책임에서 해제되며, 주한미군의 축소 내지 철수 가능성도 그만큼 높아질 수밖에 없다. 결국 대북 군사적 억제의 빗장이 느슨해짐을 피할 수 없다. 좌파정부는 이처럼 스스로 갑옷을 벗은 셈이다.

전시작전통제권 전환과 더불어 주한미군 철수 내지 유엔군 사령부 해체와 연계되어 있는 사안이 한반도 평화체제, 특히 미북평화협정 체결 문제이다. 1973년 미국과 월맹이 파리에서 평화조약을 체결하면서 미군은 월남에서 철수했고, 그로부터 채 2년도 지나지 않아 월맹은 무력적화통일을 성공시켰다. 북한은 그동안 미국에 대해 6·25전쟁의 정전협정을 평화협정으로 바꾸자고 끈질기게 주장해왔는데, 이는 주한미군 철수는 물론 정전협정 관리 당사자인 유엔사의 해체까지도 노린 것이다. 북한은 미북평화협정 체결을 관철시키기 위해 핵보유국 지위 확보에 사활을 걸고 있다. 핵무기 보유가 기정사실화되면 미국이 어쩔 수 없이 북한의 요구에 순응하리라 판단하기 때문이다. 그러나 한반도 평화협정의 당사자는 미국과 북한이 아니라 남북한이어야 하며, 미국이나 중국은 그 평화협정의 보장자 역할을 할 수 있을 뿐이다.

한편 북한의 비군사적 적화통일의 방법은 이러하다. 북한은 이 시점에서 무모할 수도 있는 무력남침보다는 소위 '남조선혁명론'에 입각한 연방제 통일 방안에 더 초점을 맞추고 있는 듯하다. 북한은 남조선 혁명은 '남조선 인민'이 주체가 되어야 한다고 보고, 남한 내의 혁명역량 배양에 특별한 노력을 기울여왔다. 이를 위해서는 혁명 주체 세력의 정예화·핵심화가 필요하며, 학생 및 지식인 계층이 주동 세력 내지는 선도 세력이 될 때 그 효과가 배가된다고 본다. 특히 근래에는 청·장년층의 감성을 파고들 수 있는 대중예술계와 문화계 종사자들의 대중 영향력에 주목하고 있는 기미가 엿보인다. 이는 사회주의 혁명의 기존 이론이 노동자, 농민을 영도 세력으로 보는 관점과 대조적이다. 북한은 또한 남한 국민의 민족 감정을 동원하기 위해서 '자주·민족·평화'라는 외피外皮를 쓰고 나서야 한다고 강조한다.

이처럼 북한은 남한 내의 종북 세력과 합작해 남북 간에 평화공존을 달성하기 위해서는 여러 가지 반북적 조치들을 풀어야 한다고 끈질기게 주장해왔다. 예컨대 국가보안법 철폐, 전교조, 전대협, 전공노 등 소위 '통일 세력'들의 합법화와 자유 활동 보장, 소위 '민주투사'들에 대한 보상, 그리고 미전향 장기수들의 석방 및 북송 등이 그것들이다. 좌파정부 10년 동안 이러한 북한의 주장들 가운데 대부분은 그대로 실현되었다.

이 싸움의 핵심은 북한이 평양에서 원격조종만으로 한국 내의 반미·종북 좌파와 친미·반북 우파 세력 간의 남남갈등을 부추겨 국력 소모는 물론 안보불감증을 고조시키는 데 있다. 결국 이 싸움의 주전장은 남한이고, 싸움의 주역들도 남한 국민들이므로 북한은 손끝 하나 안 다치고 어부지리를 챙기는 셈이다. 실상이 이러할진대

"남북 간 국력 격차가 20몇 배이니 체제싸움은 끝난 것이나 진배없다"는 주장 따위는 물색 모르는 허장성세일 따름이다.

그리하여 남한 내 종북 세력과 그들의 거짓된 선전·선동술에 현혹된 한국 국민들이 선거를 통해 용공합작이 가능한 소위 '민주정부'를 세우게 되면, 이제 남북 연방정부를 수립하는 단계에 들어간다. 남북 연방제 통일이 추진되면 남북한은 1민족 1국가 2체제 2정부로, 현재의 남북한 체제와 정부는 그대로 두지만 외형상 통일국가가 된다. 그리되면 한미동맹의 부실화와 주한미군 철수가 불가피하게 될 것이고, 결국은 남북 예멘이 내전의 유혈을 겪어 통일된 방식을 답습하게 될 수도 있다. 아니면 선전·선동술과 권모술수에 능한 좌파들이 비군사적 방법으로 연방정부를 적화시킬 개연성이 높다.

한국 국민들이나 정책당국자들은 북한의 총체적 난국을 감안할 때 시간이 우리 편이라고 생각하겠지만, 김정일의 뒤를 이은 김정은도 역시 북한이 어떻게든 쓰러지지만 않고 버틴다면 궁극적으로 시간은 자기편이라고 여길 수도 있다. 그리하여 북한은 북한 사회를 철저하게 외부 세계와 차단해 폐쇄의 성城을 쌓고, 마치 병영과도 같은 엄격한 내부통제로 관리함으로써 외부로부터 어떠한 반체제 기운도 침투할 수 없도록 유지하려 해왔다. 또한 북한 주민들이 풀뿌리를 씹고 수백만 명의 아사자가 나오는 한이 있더라도 핵무기에 그토록 집착하는 것은 핵무기야말로 북한 체제와 김씨 왕조를 지탱해줄 대외적 '최후의 보루last resort 이기 때문이다. 핵 게임을 통해서 북한은 1993년 이래 이미 20년 가까운 시간을 벌었으며, 앞으로도 강온 양면전략으로 국제 공조의 허점을 파고들어 시간벌기 게임을 계속 전개해나갈 것이다.

그리고 북한은 남한 내의 종북 세력과 공조해 한국 국민들의 '동포애적 자비심'과 '전쟁공포증'을 교묘히 자극함으로써 대북 지원의 물꼬가 마르지 않도록 도모하는 한편, 남한 내에서 친북 좌파가 승리하기를 기다릴 것이다. 결국 남북 간 통일투쟁은 누가 먼저 쓰러지느냐 하는 '시간과의 싸움'이다.

Ⅱ. 정책적 함의

대한민국의 진운이 좌우될 이 절체절명의 역사적 전환기에 우리가 무엇을, 어떻게 대비해야 할 것인지를 총론적 차원에서 몇 가지 제안해보겠다.

1. 자유민주주의의 우월성과 필연성

무엇보다도 긴요한 것은 자유민주체제의 우월성과 필연성에 대한 국민적 공감대 확산이다. 대한민국을 남쪽 국민 모두가 확신하고 애착을 느끼는 국가로, 북쪽 동포들이 동경하는 국가로, 그리고 국제 사회가 신뢰하는 국가로 만들어야 한다. 그리하여 인간의 존엄성, 경제번영, 삶의 질, 자유롭고 정의로운 사회 등 대한민국의 '올바른 힘'이 북쪽으로 넘쳐흘러 자유민주주의가 강물처럼 북녘 동토로 스며들게 해야 한다.

자유민주주의와 시장경제 자본주의가 물론 완벽한 것은 아니다. 다만 인류 사회가 이제까지 창안해온 이념과 체제 가운데서 그래도 자유민주주의와 시장경제 자본주의야말로 건강한 경쟁을 통한 창의와 능률을 보장함으로써 자유와 인권, 평등, 그리고 번영을 가장 잘 달성해왔다고 할 수 있다. 오늘날 기존 정치권에 식상해 새로운 대안을 찾고자 하는 2040세대들이 반드시 알아야 할 사실은 종북·반미가 결코 대안이 될 수 없다는 점이다. 종북 좌파들이 소리 높이 외치는 평등·자주·평화의 구호는 허울 좋은 구실일 뿐, 실제로 그것은 2040세대 자신들과 그들의 자식들을 북한 동포들과 똑같은 어둠과 죽음의 나락으로 유인하는 덫에 다름 아니다. 대한민국과 북한이 걸어온 과거 60여 년의 명암과, 오늘날 한반도의 남북에 나뉘어 살고 있는 양쪽 주민들의 삶의 모습이 보여주고 있는 실상보다 더 웅변적인 교훈이 어디에 있겠는가?

그럼에도 불구하고 우리가 결코 소홀히 해서는 안 되는 사실은 경쟁에서 어쩔 수 없이 생기게 되는 사회적 약자를 배려하고, 그들이 공동체의 같은 울타리 안에서 함께 희망을 잃지 않고 온기를 지키며 살아갈 수 있도록 온갖 정책적·인간적 조처들을 강구해야 한다는 점이다. 민중민주주의나 인민민주주의가 아닌 진정한 자유민주주의, 그리고 야수의 얼굴이 아니라 '인간의 얼굴을 띤' 자본주의만이 진정으로 민족의 공동운명체를 끌고 갈 수 있음을 결코 잊지 말아야 한다.

2. 굳건한 안보태세

국가안보태세를 굳건히 확립해야 한다. 안보가 무너지면 국가라는 생명체는 죽는다. 국가의 주인인 국민 스스로가 오늘날 대한민국에 닥쳐온 안보 실상에 대해 올바른 이해와 판단을 하는 것이 무엇보다도 급선무이며, 특히 청·장년층 젊은 세대들이 건전한 국가관과 이념적 정체성을 갖도록 교육·홍보해야 한다. 이 책의 목적도 바로 이것이다.

앞에서도 밝힌 바와 같이 오늘날의 포괄안보 시대에 안보의 영역은 정치·외교·경제·사회·문화·과학·환경 등 인간 활동의 전 영역에 뻗쳐 있다. 그러나 국가생명체에 가장 직접적이고도 가장 단시간에 위해를 가할 수 있는 것은 군사영역이다. 그래서 모든 국가는 국가안보 가운데 군사안보를 최우선 순위에 두는 것이다. 군사안보, 즉 국방을 위해 모든 국가들은 자체의 방위력을 강화하는 동시에 동맹 세력의 힘을 확보하고자 한다. 사실 자주국방自主國防이란 자력국방自力國防에 동맹 세력의 힘을 보태는 것이다. 역사상 어떤 국가도, 심지어 고대의 로마 제국이나 오늘날의 미국조차도 자력만으로 국방을 담보할 수 없기에 믿음직한 군사동맹 세력 확보를 추구해왔다. 대한민국의 군사안보는 그동안 꾸준히 추진해온 자체 방위력의 보강과 한미동맹에 바탕을 둔 한미연합방위를 근간으로 하고 있으며, 특히 한미연합방위체제가 주축을 이루고 있다.

그렇다면 2015년 12월 1일로 예정된 전시작전통제권 전환 문제를 어떻게 대처할 것인가? 세 가지 가능한 선택이 있을 수 있다. ① 예정된 수순대로 간다. ② 다시 연기한다. 즉, 2013년 출범할 새 행정부가 미국 정부와 협의하에 정세판단과 준비상태를 고려해 한시적 또는 통일 시점까지 미룬다. ③ 대대적이고도 파격적인 패러다임의 전환을 전제로 한 제3의 준비태세에 돌입한다. 현재의 국방예산 규모나 국방개혁 추진 실태를 감안할 때 ①안은 문제의 소지가 적지 않고, ②안도 내부적 반발과 재연기라는 정치적 부담을 고려할 때 실현 가능성이 크지 않을 것이다. 그렇다면 지금부터라도 발상을 대전환하여 2015년에 해체될 한미연합사의 기능과 역할을 대체할 수 있는 준비를 해야만 된다. 여기에는 국방예산의 대폭적인 증대(GDP의 3.5% 내외 수준), 상부구조뿐 아니라 하부구조까지 망라하는 군 구조 개혁의 조기 마무리, 초급간부와 병사의 정예화를 위한 특단의 대책, 그리고 무엇보다도 자주국방을 위한 국가 의지의 결속과 국민 공감대 확보를 위해 국민 모두가 어떤 노력과 희생을 감수해야 되는지를 통수권자가 전면에 나서서 호소하고 설득해야만 한다. 평화는 힘에 의해서만 지켜질 수 있다는 것이 역사의 교훈이다.

3. 좌파 이념의 허구성

좌파 이념의 허구성과 위험성을 국민들, 특히 2040세대 청·장년층에게 알려주어야 한다. 오늘날 젊은 세대들의 주관심사는 경제와 사회 문제이지, 이념 문제와 안보 이슈란 그들에게 식상한 주제임을 부인할 수는 없다. 그렇더라도 우리는 대한민국과 국민들, 특히 청·장년층과 그들의 자녀들의 미래를 어둠의 늪으로 유인하려는 종북 좌파들의 위험성을 계속해서 경고하지 않을 수 없다. 그것을 마치 광야에서 외치는 세례요한의 함성 같은 신념과 사명감으로 해야 한다.

좌파 이념이 득세해 지성인들과 일반 대중들의 사고체계가 친좌파 성향으로 기울었던 20세기 중반의 프랑스에서 우파 지식인의 한 상징이었던 레이몽 아롱Raymond Aron 은 이렇게 말했다. "머리가 좋으면서도 정직한 사람은 좌파가 될 수 없다." 여기서 머리가 좋다는 뜻은 지적 능력이 특출하다는 의미라기보다는 상식을 갖추었다는 의미로 풀이된다. 이 말을 달리 표현하자면, 좌파가 되었거나 좌파 논리에 현혹되는 사람은 상식이 없든지 솔직하지 못하다는 뜻이다. 상식 수준의 사리분별만 있어도 좌파 이념이 얼마나 허구로 가득 찼는지를 모를 리 없을 것이므로, 상식을 갖추고서도 좌파로 기울었다면 그는 정직하지 못한 사람일 수밖에 없다. 사회주의 붕괴 훨씬 이전에 이미 그 허구성과 붕괴 불가피성을 예언한 아롱의 이 촌철살인의 명언은, 이미 사회주의 실험이 역사적 실패로 귀결된 이 시점의 우리들에게 다음과 같은 경고를 하고 있는 셈이다. "좌파 이념에 빠진 사람은 상식이 없거나, 정직하지 못한(즉, 음흉한 다른 의도를 품은) 사람이다."

물론 사회주의 이념이 담고 있는 모든 논리가 허구이거나 잘못된 것은 아니다. 오늘날 어떠한 자본주의 국가라도 정도의 차이는 있으나 사회보장제도나 복지정책 등의 사회주의적 장치를 도입하고 있으며, 자본의 횡포를 막고 근로자나 소비자를 보호하는 제도를 강화해나가고 있다. 성장과 분배 가운데 그 어떤 것도 결코 뒷전일 수는 없는 것이다.

그러나 문제는 종북 좌파이다. 대한민국 사회 안에서는 어떤 이유로도 종북 좌파가 허용되어서는 안 된다. 프랑스나 유럽 선진 국가들 안에서 좌파 이념이나 활동이 허용되는 것은, 그것이 그들의 자유민주주의 및 시장경제체제라는 확고한 틀 안에서 이루어진다는 전제하에 가능한 것이다. 그리고 그것은 그들의 외부에 체제 및 정부 전복을 노리는 직접적인 주적이 없기 때문이기도 하다. 그러나 대한민국에게는 생사존망을 겨루는 이념 및 체제 경쟁의 주적인 북한이 엄존하고 있다. 이러한 상황에서 종북 좌파 활동을 하거나 이에 동조하는 행위는 반역에 다름 아니다.

특히 정치권과 공무원 사회에 종북 좌파는 더더욱 용납될 수 없다. 그들이 대한민국의 방향타를 쥐고 있기 때문이다. 그래서 우리는 그들에게 엄중히 묻고 검증해야만 한다. "당신은 대한민국의 헌법적 가치인 자유민주주의와 시장경제 자본주의를 신봉하는가? 그 가치에 정면으로 반역하는 종북 좌파를 결단코 배척하는가?"

4. 올바른 역사교육

국민들 전반, 특히 젊은 세대들에게 올바른 역사교육을 해야 한다. 무엇보다도 대한민국 건국 이래의 자랑스러운 우리 현대사를 제대로 정립하고 가르쳐야 한다. 역사교육이 왜 중요한가? 역사는 '자기정체성'의 기록, 즉 나(우리)는 누구인가를 알게 해주는 '거울'이다. 아놀드 토인비Arnold Toynbee는 한 국가, 한 민족의 역사란 그들이 어떻게 살아왔고 어떻게 다양한 도전에 효과적으로 응전해왔는가에 대한 기록이라고 말했다.

　무릇 역사는 2중적 기능, 즉 순기능과 역기능을 가지고 있다. 역사를 올바르게 이해하고 교훈을 제대로 얻을 때, 즉 잘한 것에 대한 객관적·합리적 자부심과 자긍심을 느끼고 잘못한 것에 대해 겸허하고 건전한 자기반성을 할 때, 그것은 미래의 발전을 위한 창조적 활력의 원천이 된다. 이것이 순기능이다. 한편 왜곡되고 날조된 역사를 받아들였을 때 역기능이 작용한다. 즉, 과도한 자기미화는 자만심과 독선의 원천이 되어 주변국과 갈등을 초래하고 평화를 저해하게 되며, 반대로 과도한 자기비하는 수치심과 좌절의 원천이 되어 미래 발전에 걸림돌이 된다. 이처럼 역사는 '약'이 될 수도 있고, '독'이 될 수도 있다. 그러므로 제대로 된 역사교육이 얼마나 중요한지는 새삼 재론의 여지가 없다.

그런데 사학계와 사회 일각에서 우리 현대사를 극단적으로 왜곡하고 비하해 그 폐해가 우려할 만한 수준으로 팽배했다. 좌편향 사관에 입각한 왜곡된 역사에 의하면, 국가적 정통성은 북한에 있고, 남한에는 친일 세력에 편승해 민족 분단을 고착화시킨 미국의 앞잡이 정권이 들어섰다는 것이다. 일부 전교조 교사들은 대한민국이 "태어나지 말았어야 할 나라"라고 가르치고 있고, 심지어 노무현 전 대통령은 우리 현대사를 "기회주의가 득세하고 정의가 패배한 역사"라고까지 단죄했다. 좌파정부 10년을 거치면서 이러한 좌편향 현대사 내용들은 중·고등학교 역사교과서를 왜곡된 역사로 물들여 우리 청소년들의 순수한 영혼을 오염시켜왔다. 좌편향으로 왜곡된 역사교육의 결과, 자기 조국에 대해 자부심과 자긍심을 갖지 못하게 된 우리 젊은 세대가 장차 조국을 위해 무슨 기여를 할 수 있겠는가?

과연 우리 현대사가 좌파들의 주장처럼 그토록 수치스럽고 못난 역사인가? 대한민국이 건국된 1948년 이래 60여 년은 한민족의 5천년 역사에 비추어보나, 근대화(산업화와 민주화가 모두 성취됨을 의미)가 시작된 18세기 이래 세계사에 비추어보나, 가장 단기간에 가장 경이적인 성공을 이룬 근대화의 '혁명'이자 '기적'으로 일컬어지고 있다. 전 세계가 그렇게 인정하고 부러워한다.

우선 대한민국의 건국은 한반도의 반쪽이나마 살려야겠다는 이승만 건국 대통령의 혜안과 결단이 있었기에 가능했다. 돌이켜보면 제2차 세계대전 이후 국제 정세는 유라시아 대륙에서 35개국이 공산화되거나 소련의 위성국이 되는 공산주의 쓰나미가 밀어닥쳤다. 북한 지역도 예외가 아니었다. 이미 1946년 2월에 소련을 등에 업은 김일성은 실질적 단독정부인 '북조선임시인민위원회'를 설립했고, 1948년 초에는 북한과 그 종주국인 소련이 남북한 자유선거에 의해 한반도에 단일 통일정부를 세우라는 유엔의 결의를 무시하고 유엔대표단의 입북을 거부함으로써 분단을 선도했다. 이에 이승만을 비롯한 건국의 아버지들은 남한 지역에 자유·민주·공화의 헌법에 기초한 자유민주주의와 시장경제라는 산업화의 씨앗을 심어 대한민국을 건국했던 것이다. 그 후 박정희 정부에서 막이 오른 산업화의 질주는 그야말로 기적이 아닐 수 없다. 몇 가지 통계수치를 살펴보자면, 1인당 국민총생산은 1953년의 67달러에서 2007년

2만 달러를 돌파함으로써 300배나 늘었고, 수출은 1948년의 2,200만 달러에서 2008년의 4,400억 달러로 무려 2만 배로 팽창했다. 그리하여 건국 당시 세계 최빈국 중 하나였던 대한민국은 오늘날 세계 13~14위권 안에 드는 경제 강국이 되었다. 그리고 그 경제 성장과 더불어 형성되고 성장된 시민사회가 민주화의 동력으로 작동해 1987년 6월 민주화체제의 결실로 이어졌던 것이다.

물론 빛나는 근대화의 여정에 어두운 그늘도 있었다. 이승만·박정희 정부의 장기집권과 독재, 전두환 정부의 권위주의와 독재 등이 그것이다. 그럼에도 불구하고 장기집권과 독재라는 과오가 '건국 대통령'과 '산업화 대통령'이라는 역사적 업적을 뒤엎을 수는 없다. 뿐만 아니라 그들의 과오가 우리 현대사 전체를 실패한 역사로 치부하는 왜곡의 정당화 구실은 더더욱 될 수 없다. 사실 모든 역사, 모든 인간사에는 빛과 그림자가 공존한다. 모든 선진국들도 산업화·민주화 과정에서 노사갈등이나 인권탄압 같은 뼈아픈 성장통을 겪었다. 실로 인류 역사의 발전 과정에서 '건너뛰기'란 없었던 것이다.

우리 현대사를 좌편향 왜곡으로부터 올바로 되돌려 정립하고, 이를 국민들에게 제대로 알리는 역사교육이야말로 국기國基를 바로 세우는 일이다.

5. 보수 우파의 윤리·도덕적 재무장 운동

마지막으로 보수 우파는 이 시점에서 대오각성하고 새롭게 윤리·도덕적으로 재무장하는 운동에 혼연 나서야 한다. 이는 실로 절박한 문제이다. 2010년 6·2 지방선거로부터 2011년 10·26 서울시장 보궐선거에서 드러난 민심의 흐름을 한마디로 표현하자면, 청·장년층이 보수 우파의 정치적 대표인 현 집권 세력으로부터 등을 돌렸다는 말로 표현할 수 있다. '블루칼라'뿐 아니라 이제 '화이트칼라'마저 보수 우파로부터 이탈하고 있는 것이다.

왜일까? 실물론자들은 경제 때문이라고들 한다. 물론 청년실업, 비정규직 문제, 비싼 등록금, 등골 빠지는 육아 및 교육비, 날개 돋친 인플레, 대기업들과의 신자유주의적 경쟁에서 내몰리는 중소기업, 소상공인, 자영업자 등 무언가 큰 '변화의 바람'에 목마른 2040세대 청·장년층이 겪고 있는 고뇌의 밑바닥에 경제 문제가 도사리고 있음은 부인할 수 없을 것이다. 이들의 포퓰리즘적 감성을 교묘히 자극한 캠페인의 한 예가 바로 무상급식 이슈이다. 그러나 현 정부의 경제 성적표를 엄정히 따져보면 오늘의 세계 경제 기준에 비추어 낙제점이라고 하기는 어렵다. 오히려 우수자 대열에 속한다고 볼 수 있다.

그렇다면 진짜 문제는 '정의正義'의 문제일 수 있다. 경제적 양극화가 체감되는 경제적 부정의, '유전무죄, 무전유죄'라는 비아냥 거림으로 회자되는 사법적 부정의, 사회적 약자의 상대적 박탈감을 증폭시키는 여러 형태의 사회적 부정의 등 파급효과가 큰 정의의 문제가 인터넷, SNS 등을 통해 실제보다 부풀려져 확산된다. 이러한 불길에 기름을 끼얹는 것이 바로 보수 우파들의 윤리·도덕적 파행이다. 부정·부패, 방종, 지나친 웰빙well-being, 변화에 대한 무감각 등 과거로부터 기득권적 보수 우파들의 파행으로 낙인찍혀온 윤리·도덕적 문제들이 현 집권 세력에게도 그대로 대물림되고 있다. 대통령이 아무리 전 재산을 사회에 헌납했더라도, 최측근 인사 몇몇이 비리에 연루되자 보수 우파 전 진영에 여론의 화살이 쏟아졌다. 이런 마당에 자유민주주의의 우월성과 좌파 이념의 허구성을 외쳐보았자, 안보태세의 중요성과 역사 왜곡의 편향성을 역설해보았자, 오히려 역효과만 자아낼 뿐이다.

그러므로 보수 우파 진영 누군가의 부정·부패나 비리는 그 사람 개인에 대한 비난으로 국한되는 것이 아니라, 우파 진영 전체, 나아가서는 정부와 국가 또는 체제 자체에 대한 비난과 조소, 그리고 거부로까지 번진다. 오늘날 젊은 세대들의 정치권 전반에 대한 거부와 분노는 경제 정의·사회 정의 등 정의의 차원에서 그들이 겪은 좌절의 반영에 다름 아니다. 그들은 어찌되었든 새로운 변화의 바람이 불면 거기에 열광하기에 이르렀다. 그리고 종북 좌파들은 재빨리 '낡은 정치 대 새 정치', '낡은 세력 대 새 세력'이라는 감성적 용어를 동원해 이러한 흐름에 편승하고 있다.

마하트마 간디Mahatma Gandhi는 일찍이 한 나라가 멸망할 때 나타나는 일곱 가지의 사회악을 다음과 같이 지적한 바 있다. ① 원칙 없는 정치, ② 노동 없는 부富, ③ 양심 없는 쾌락, ④ 인격 없는 교육, ⑤ 도덕 없는 상업, ⑥ 인간성 없는 과학, ⑦ 희생 없는 종교 등이다. 오늘의 우리 사회를 돌아볼 때, 참으로 등골이 서늘해지는 지적이 아닐 수 없다. 보수 우파가 이 시점에서 대오각성의 각오로 스스로의 윤리·도덕적 재무장에 나서야 하는 이유는 비단 우파의 승리를 위해서가 아니라, 대한민국이 지켜야 할 가치인 자유민주주의와 시장경제 자본주의, 더 나아가 그 이념으로 뭉친 통일조국의 미래를 우리 후손들에게 물려주기 위해서이다.

지금까지 앞 장들에서 논의된 안보현안들의 전체 맥락을 엮은 총괄적 논의와 더불어, 몇 가지 정책적 함의를 담은 제안들을 제시해보았다. 끝으로 우리가 앞으로 무엇을, 어떻게 해야 할 것인가를 고뇌할 때에 늘 떠올릴 만한 경구 한마디로 결론을 맺고자 한다.

"악^惡의 승리를 위한 최적의 조건은 선^善의 태만이다."

– 에드먼드 버크 Edmund Burke

KODEF
안보총서 **52**

위기의 한국안보

초판 1쇄 인쇄 | 2012년 4월 18일
초판 1쇄 발행 | 2012년 4월 24일

지은이 | **허남성, 김열수, 이춘근, 윤덕민, 홍관희**
펴낸이 | **김세영**

책임편집 | **이보라**
편집 | **김예진**
디자인 | **홍효민**
마케팅·제작 | **이승현**
관리 | **배은경**

펴낸곳| **도서출판 플래닛미디어**
주소 | **121-839 서울 마포구 서교동 381-38 3층**
전화 | **02-3143-3366**
팩스 | **02-3143-3360**
블로그 | **http://blog.naver.com/planetmedia7**
이메일 | **webmaster@planetmedia.co.kr**
출판등록 | **2005년 9월 12일 제 313-2005-00197호**

ISBN 987-89-97094-11-0 03390